U0249729

中国茶书

（第2版）

罗家霖 著

清华大学出版社

北京

图书在版编目（CIP）数据

中国茶书 / 罗家霖著. — 2版. — 北京：清华大学出版社，2016（2019.4 重印）
ISBN 978-7-302-40568-9

Ⅰ.①中… Ⅱ.①罗… Ⅲ.①茶叶－文化－中国 Ⅳ.①TS971

中国版本图书馆CIP数据核字(2015)第145962号

责任编辑： 周莉桦
封面设计： 瞿中华
责任校对： 王淑云
责任印制： 杨 艳

出版发行： 清华大学出版社
     网 址： http://www.tup.com.cn，http://www.wqbook.com
     地 址： 北京清华大学学研大厦A座 **邮 编：** 100084
     社 总 机： 010-62770175   **邮 购：** 010-62786544
     投稿与读者服务： 010-62776969，c-service@tup.tsinghua.edu.cn
     质量反馈： 010-62772015，zhiliang@tup.tsinghua.edu.cn
印 装 者： 小森印刷（北京）有限公司
经 销： 全国新华书店
开 本： 145mm×210mm **印 张：** 6 **字 数：** 148千字
版 次： 2012年10月第1版 2016年1月第2版 **印 次：** 2019年4月第3次印刷
定 价： 45.00元

产品编号： 059835-02

序 朱青生

《中国茶书》是又一部《茶经》。上一部出自唐朝,作者陆羽,距今已逾千年。

当今世上茶书极多,少有用上下两编五万言,说尽与茶相关事,以致一卷在手,诸事皆知。此类图书,陆羽创其始,相隔很多年,终于读到了这一部。

在这部茶书中,卷上说茶叶的来源与性质。对每种名茶,辨析其渊源,对比区别,直逼根本,旁及相关衍生,每遇关键处,都从亲尝亲历的切身体会中落笔。茶叶本是轻物,较量起来也有克敌制胜的当下判别,所以可视此卷为实战之秘诀。卷下说饮茶的文化与影响,涉及与茶相关的文物、仪礼、传说、诗词、书画、思维、想象、品味,以及不可言说之余韵。

茶排于日用五事之末,平常消饮解渴,朝夕相处,遍及百姓之家,本无关于兴衰。然而日常之中,茶却被各式饮料取代。新型饮料或惑于流行,或舶自海外,或基于知识,当代饮食已不再以茶独尊。风雅一群多以咖啡酒吧为念,其中或有茶,只做配角,多由西方茶之概念得来,所谓茶,也就是以水泡进任何一物所得之饮料也,此乃西化之后果也;年轻一代备受现代快餐之影响,时间所迫,简食相逼,狼吞虎咽,所谓茶,也不过是迅速助以吞咽饭食之津唾,此乃现代化之必然也。饮茶之事,已成须着意为之的传统文化,平常却又不平常也。

茶由中国而流布世界,然而关于茶的文化未必全在中国。日本茶道借茶以调节人心、寄托禅意,由茶起而不仅限于茶,虽源于中土,却在庭园孤松之下、明月清风之间,与回味开掘相依,把茶道带上超绝的道路。目前中国的茶道在文化革命的扫荡之下已经辙乱印浅,失之久矣,如今处处恢复的所谓茶道,多由日本回传而来,加以书本记载之典故,反复无非几句俗语,如"关公巡城""诸葛点兵",无聊之极。模仿痕迹处处显现,却又道貌岸然、故作清高,所谓茶道不过是表演与生意之道而已。虽有沉潜博大之士,一意复兴茶道,然偌大之中国无一处茶室可与江山风雨相侔,更遑论及此心。这部茶书以中国茶汤本质的朴实深入来对应日本茶道的宽泛,说到沉痛处,也只能回忆往日之辉煌:"中国人手中那杯持捧了千年的茶,正是因为经历了长久苦难的沉淀,才于芬芳中愈得唐时的浪漫,宋时的仪礼,明时的精简。"千年的中国茶道,未必只重茶汤,其与天道、人心之间的若即若离,仪式之隆重,方法之精致,虽一时难以恢复,如能追溯日本茶道之中国本源,参以英国茶习,以及天下饮仪,出入增减,必能重建规矩。我以为,茶正在经历现代转换,希望借此化出滋润天下、洗漱人心的芳流。

茶之兴衰所系,于今尤烈。皆为历史与文化的境遇,政治与经济的反映,茶之境况,国之境况也。近年中国初显崛起之势,万象更新,百废待兴,唯茶一事,更为风发。然而拜物风气,必先在茶与酒,茶之为物质,真可谓奢靡飘荡,尽把一个浮华世界冲泡得浓沫乱卷,异香飞扬,犹如当下人间,所有攀比、宣扬,皆着落于物事本身,或矫情于珍贵,或标榜于等级,一种俗气,弥盖万千,坐拥聚饮,常为私心之交易;几片茶叶竟可冲抵农家一生心血。当此之时,茶之兴,亦不能不心哀也。

家霖随我读书，毕业之时另以一部茶书示我。为之作序之时，我更想带他回我故乡。故乡有"天下第一泉"，可作成茶汤之极致。"天下第一泉"本来并不是一泓普通的泉水，而是淹没在大江缓流之中，下有泉水涌出，上有江水流过。品茶者以为无水不成茶，长江万里，江头水太急则烈，江尾水太缓则拙。水汲于井则过静而沉，出于泉则过轻而玄，酹于江海则荡，吸于山渊则滞，必于此江水覆盖之下，山石耸越，邻近金山寺，山上古刹，曾是梁武建成水陆道场，祈祷天下苍生平安之梵呗钟声伴随汩汩不断流出，受其托付，何种茶叶不能广流千古？我虽生于此泉近旁，然而半生漂泊，竟从来无缘一尝第一泉水。江流变更，一泉早已在岸上，在泉上如今重筑芙蓉楼，以应洛阳亲友相问，奉作"一片冰心"。通读茶书之时，心中试问，何可与家霖同藉天下一泉之水，得一壶茶，方可推敲书中的种种风流，配合此书意味，天下流行？然而如今家在千里之外，泉在梦中，唯有此书。乱用书中黄山谷诗意，略一改之，似可谓："恰如灯下，故人万里，对影疑似归来。口不能言，心下却在，亲近。"

　　茶之生长于中国，乃出于天地之际会。茶之制作完功于中国，乃出于人民性格和生活之必需。茶之精微广大成其为文化于中国，乃与中国文化相始终。茶文化之现代化，虽可以回顾已有茶之成就，更应让人们在饮茶中竭尽创造，使得饮茶成为人们脱离传统规范、走向自身自觉的一种"无有的存在"。一杯茶，何必非有茶？会当茶香杳绕，茶汤安然，茶味荡涤，茶意翻飞，天地之心会在水中凝聚而归于沉寂，再化作无垠，直接波涛万顷，汪洋恣肆，剔透洞穿之后，毕竟，洗尽滋味，犹留得只是一瓢白水。

2012 年端午

引 从神话到现实

　　五六千年前的中国，正是传说与现实交错的时代，炎黄子孙的祖先神农氏正是生活在这个时期，他是缔造了中华民族农业文明和医药文化的传奇人物。天生有着水晶肚的神农氏尝百草之滋味，通过观察透明躯腹里脏器的变化，以分辨不同植物的功效；一日遇七十二毒，得茶而解之。在人类文明遗留下来的漫长记忆里，这便是茶横空出世的最早印迹。

　　在任何历史阶段，社会潮流永远都在风云变幻中，中国茶的制作与品饮方式在几千年时光流淌中也奇妙地变换着其形态。自然，除了每个历史时期时尚风行的因素外，在中国茶道浪漫而感性的氛围里，其总体变化的态势依然遵循着一种更趋合理化和实用性的法则。煮茶之唐朝、点茶之宋朝、泡茶之明朝，便是这段悠长岁月中的三个重要阶段。

　　在距中国古都西安不远的法门寺地宫出土的神秘遗物里，除了释迦牟尼的食指舍利、秘色瓷及琉璃器之外，便是唐代制茶的工具和饮茶的器皿，均为金银所制，无一不巧夺天工。这些穿越了一千多年的茶事器具，向我们印证了茶圣陆羽之《茶经》上所记载的唐代茶道。

　　到了宋代，中国茶道更是因为一位极具艺术天赋的皇帝——宋徽宗而发展到一个无与伦比的境地。这位在政治上庸碌无为的君主精通琴棋书画，他的时代便是中国历史上文人艺术家最为得意的时代。宋徽宗终日率领众大臣浅唱低吟，茶宴不息，幻化茶百戏，行享斗茶之趣。如今日本的国粹抹茶道，便是全然沿袭宋代点茶法发展而来，可视为宋代中国的茶道博物馆。

更加有趣的是，明代的开朝皇帝朱元璋出身于农民阶级，因而这位天子治国尚俭，连同制茶饮茶的方式，也摈弃了前朝阳春白雪、繁琐奢侈的行茶执法，而推广更加简单经济，并且沿用至今的散茶泡饮之法。明太祖的此番革新，使得制茶的成本降低而饮用方式简化，因此饮茶之俗在民间更为盛行，而中国的茶叶也在更大程度上为世界所接受。

在西方文化里，康德将其内心的道德感并提于头顶的星空宇宙，而在中华民族的性格养成中，儒家对于道德的无上要求和道家的自然观亦是水乳交融。茶道正是中国人在自然与道德之间掌握着的微妙平衡。对中国人而言，茶叶是宇宙自然的无上馈赠，是世人之饮，亦是君子之饮，最宜于精行俭德之人。

法门寺地宫出土的风炉、银笼子、茶碾子、茶罗子等宫廷茶具

目录

卷上 茶叶

括述

括述

一杯茶，就是众缘合和的结果。每一杯茶都有其不同的性格和气质，绿茶像年轻人一般朝气蓬勃，黄茶比绿茶稍带懵懂，白茶更具不染人间烟火的超脱气质，乌龙茶则有中年人的成熟和稳重，红茶是人世间母性情怀的代表，而普洱茶则成了睿智而沧桑的老者。

茶树这一珍奇的物种在其故土中国，从南方伸延遍布到北方的部分地区。一般而言，由南至北，茶树的叶子由大变小，阔如婴孩之手掌，细至古画中少女的眉线。而这些不同地区的茶树有成百上千种之多，每一种茶树，都有其最适合制作的茶叶类别。茶叶的种类由此而纷繁各异。

我们一般通过茶叶的发酵程度将其分为不同的茶类，绿茶为不发酵茶；乌龙茶是从低到高不同程度的部分发酵茶；而红茶属于全发酵茶；至于普洱茶，则应称作后发酵茶。此外，还有轻微发酵的黄茶与白茶。我们一般用嫩芽去制作绿茶、黄茶、白茶、红茶和上等的普洱茶，而用成熟的叶子去制作乌龙茶。我们还会将不同的茶叶揉捻成不同的形状，龙井如剑片锋利，碧螺春像螺母般柔曲，岩茶条索蓬松，而铁观音却是粒粒呈半球状。我们还将不同的鲜花，根据其独有气质，熏制入不同的茶叶里，让茶叶增加花朵的特性，最常见的即是将茉莉花的芬芳熏进绿茶的清新之中，将桂花的馥郁窨入乌龙茶的气韵里。我们也会考虑是否将其焙火及焙火到何等程度，一般会将这样的工序加入一部分乌龙茶中，如岩茶即是焙火茶的代表。

于是，不同的茶叶，便因为这些工序的不同，而具有了不同的性格和气质。总体而言，绿茶像年轻人一般朝气蓬勃，黄茶比绿茶稍带懵懂，白茶更具不染人间烟火的超脱气质，乌龙茶则有中年人的成熟和稳重，红茶是人世间母性情怀的代表，而普洱茶则成了睿智而沧桑的老者。

茶类	茶名	人格化特征
绿茶	龙井	凛冽少年，轻寒料峭中衣衫尚薄，初出江湖不怕虎之势，不掩锋芒新显
	碧螺春	娇羞少女，半醒于人事，尚待闺阁。静时扇袖斜掩容，碎移莲步间香汗嫣然
	竹叶青	年轻的身体，却拥有远远大于自己年龄的淡定气质，举重若轻的落寞中，有着安静的力量。他属于小众，要理解他，需要一颗细微、沉静、涵敛的心
	黄山毛峰	宛如中原长成的少年，更有泥土的质感，淡淡的兰花香是其英武中的书卷气。又如中原长成的少女，更有大家闺秀的气度，淡淡的兰花香是木兰贴着的花黄
	崂山绿茶	因为无拘束，他有顽石待琢的愚钝和鲁莽；因为昼夜的温差和海风的吹拂，他有不畏的强劲。这是个迁移最北，不觉身在独处，率真本性的孩子
黄茶		它是绿茶性格的互补，是在抽节成长中面对大千世界时戛然止步的那一丝迷茫和不知所措。它比绿茶收抑了蓬勃的张扬，亦多了初次思考的厚度
白茶		仿佛你生命中总会出现的那一两个单恋却不可遥及的对象，不食人间烟火般淡泊而兀自存在。白毫银针身披的银毫略带冷光地悉数反射回你的倾慕，而暑针般的身躯更为其增添了举手投足间的仪式感
乌龙茶	铁观音	这个成熟的男人叫人难以应对，他有世故和城府甚至一些圆滑，细察中还能发现其官韵深藏
	冻顶乌龙	他刚毅顽强，尽管经历了世事的砺炼，他依然保持了本真中的一点不合群的孤独和一丝飘逸的气质

茶类	茶名	人格化特征
乌龙茶	武夷岩茶	他屹立在龙门客栈的大漠孤烟旁，他常常在心中如西部牛仔般焦渴地长啸。岩韵是其被风沙、骄阳和暴雨打磨的铮铮铁骨
	白毫乌龙	不喜欢当地人称其是娇艳的女性，不喜欢英国女王浅表地誉其为东方美人。他是贾宝玉一样的男子，世间唯一此无瑕美玉，只因脂粉味太浓，让你嗅不清他
窨花茶	茉莉香片	人海中尚顺眼的年少一群，尘世中可遇的美好皮囊。没有蓦然回首，尽可以继续将视线迁移往前，无须深究的轻松
	桂花乌龙	这抹女人香，有一点夜上海的蛊惑。在某一些时刻，她是你最好的红颜，不是知己；因为不用谈心，只用眉眼愉悦地传情
红茶		世间最温柔博厚的女性——母亲，她永远是最醇厚的味道和营养的供给，默默付出，任由岁月刻画她的风韵。而正山小种的松脂香，似乎正是母亲在厨房厅堂串走中人间烟火的亲切味道
普洱	生茶	小和尚，穿着僧衣，眼神中闪着好奇与新鲜，孩童是入世，而和尚是出世。特定的身份，不定的将来，可依的青灯古佛途
	熟茶	得道的高僧，练达世事的智者，最简化的形体和最深邃的内涵，最朴拙的外在和最空遁的精神

制 作

一杯茶，就是众缘合和的结果。从茶树的长成，到茶叶的制作，至茶汤的冲泡，你能品饮感受到这手边的一杯茶，实乃此大千世界中万般环节不断的结果。一颗茶树的种子生根抽芽之后，其所在地区的海拔空气、阳光雨露、土壤特性，茶农给予的修整扦插、施肥除虫，成其为茶叶的先天条件；而茶叶的制作，则是之后至关重要的一步，可以说，茶叶的制作决定了某种茶叶几乎全部的后天特性；而最终茶叶的冲泡，则在于如何通过不同的方式不同程度地表现某种茶叶的某些方面的特点。

茶叶的制作是个复杂而难以标准化的过程，以步骤最多的部分发酵茶为例，包括以下主要环节：采青→萎凋→发酵→杀青→揉捻→干燥→熏花／焙火。事实上茶叶制作的程序并不止于这几项，诸多具体的茶叶也有其特殊的工艺，本书此处仅列举几个重要的功能性环节。其中，采青、发酵、揉捻和焙火是影响茶叶个性风格的最主要因素。

英国艺术家 Thomas Allom 在清代中国所旅绘的制茶图

8

茶叶的制作步骤：

采青　采摘茶树的新芽或新叶

绿茶和黄茶一般是芽茶，而乌龙茶则一般是叶茶。这就是为什么绿茶泡开的叶底细嫩，而乌龙茶的叶底成熟。上等的白茶、红茶和普洱也多用芽茶。绿茶只在春天采摘；而红茶则适合在初夏采摘；乌龙茶除了春茶之外，尚有一部分在秋冬采制；白毫乌龙由于其发酵度重于其他乌龙茶，同红茶一样适宜于夏季采制。

萎凋　让鲜叶丧失一部分水分

萎凋是发酵的必经之途，与发酵基本在同一时间进行，一般将室外萎凋和室内萎凋相结合进行。一般而言，发酵越重则萎凋越重，因此绿茶无需萎凋和发酵的环节，而白茶为重萎凋茶之代表。

发酵　与空气发生氧化作用

发酵使茶形成其独特的色、香、味。绿茶不经发酵，黄茶和白茶有极其轻微的发酵过程，不同的乌龙茶从轻到重有不同的发酵度，而红茶则为接近百分之百的全发酵。区别于乌龙茶在杀青前进行发酵，普洱茶的后发酵是一种在杀青后方进行发酵的特殊方式。

杀青　高温杀死叶细胞，停止发酵

绿茶、黄茶和乌龙茶通过炒青或蒸青等杀青方式使茶完全定格在一种我们希望的状态中。白茶则无杀青的工序，因此其状态也并未在制成时定格，而是不断陈化经年。红茶则因为已经完全发酵定格了状态，故而也不需要杀青。普洱茶在不完全杀青后保留了部分多酚氧化酶的存活，因此该酶的氧化作用亦在一定程度上参与了普洱茶的后发酵。

揉捻　揉破叶细胞，并使茶叶成型

揉捻除了使茶叶中的营养物质释放出来之外，并使茶叶产生不同的形状，如竹叶青之针形，岩茶之条状，冻顶之球粒。轻揉捻的茶叶清扬，绿茶一般均为轻揉捻；而重揉捻的茶叶低沉，红茶一般均为重揉捻；不同的乌龙茶从轻到重有不同的揉捻度。白茶的传统制作方式则是不经揉捻。普洱茶进行揉捻的一大意义则在于释放叶片内的活性物质，使其与空气结合产生后发酵的作用。

干燥　蒸发掉多余的水分

干燥使得茶性稳定下来。不同茶的干燥方式不同，如龙井在炒青的同时就完成了揉捻和干燥，白茶通过阳光晾晒或文火干燥，绝大部分的乌龙茶是在揉捻后单独加热干燥，而普洱若通过阳光曝晒干燥可达到最佳效果。

熏花　让茶叶吸收花香

熏花是窨花茶的制作方式，能使茶叶增加所熏花种的香味和功效。熏制的花型和茶叶需要匹配其风格和口味，比较常见的是用茉莉花或玫瑰入绿茶，用桂花或人参入乌龙等。

焙火　用火烘焙茶叶

焙火会使干茶和茶汤单从视觉上就发生颜色效果的极大改变。从味道上说，焙火越重，则茶越具有熟香；从性能上讲，焙火越重，茶的寒凉之性则越低。一般只将一部分乌龙茶进行焙火，其中岩茶是焙火茶的典型代表。

从采青、炒青、去梗，到初制完成，茶叶一直传导着制茶者双手的温度

10

保 存

　　茶叶的保质期和其保存条件息息相关。在保存得当的条件下，绿茶可以放置一至两年或者更久，而发酵度越高的茶保质期则越久。

　　茶叶的保存首先要避光，因为光照很容易使茶叶发生陈化，丧失茶味。其次密封尤为重要，密封是为了隔离氧气、空气中的水分和异味。氧气很容易使茶氧化，水分容易使茶回潮，故而我们可以用避光材料包装茶叶并在其中加入干燥剂。而茶叶本身具有非常高的吸附性，所以极其容易沾染异味，这也是为何我们选择用茶包作为除味剂，以及制作窨花茶的原理所在。再次，低温储藏可以使茶叶保持更久的茶味。

　　我们在生活中常常见到某些茶叶被真空包装，这样便在最大程度上避免了茶叶与空气的接触及随之而来的氧化、回潮、吸味的机会，

陶罐是装置茶叶的最常选择之一，尤宜于重发酵和焙火的茶叶

普洱茶饼的内包装为宣纸，而几饼一提的外包装为竹箬，均是透气良好的自然材料

不失为一个储存茶叶的良策。不过，并非所有的茶叶都适合真空包装。一般用真空包装的茶是铁观音及台湾乌龙这一类，这是因为它们均揉捻较重，呈现半球状到全球状之间的各种状态。如此一来，即便抽掉茶叶袋里的空气，它们也基本上不会破碎。但如绿茶或岩茶这些揉捻较轻，成形相对蓬松的茶类，则不适用于真空包装，它们的叶片非常容易因此而破碎，并极大地影响茶味。

我们被西式化了的生活中更加常见的是便利得可以直接袋泡的红茶。这亦是因为红茶的揉捻很重，且往往在后加工程序中被切碎。另一个缘由是，红茶的吸水率并不高，它在浸泡后体积变化不会特别大。试想，同样是相对不怕挤压的铁观音或者台湾乌龙，如若袋泡，叶底则会因为很高的吸水率而膨胀伸展至极大的空间，因此采用红茶一般直接浸泡的袋装形式并不现实。正是因为这两个主要特点，红茶可以直接袋泡，而其他茶类则难以实现。

普洱和白茶的保存方法则是特例。尽管它们的陈化原理不尽相同，但它们都会随着时间的流逝而愈陈愈香，这也就是为何市场上的普洱和白茶往往以陈放之年份标榜价格。普洱在制作成形之后，往往是紧压成饼、砖或沱，才在空气中慢慢开始其后发酵的过程。因此普洱的存放场所需要避光通风、避味，但却不能离开空气及一定的温度和湿度，以保证后发酵过程的进行。所以，普洱的包装也往往是竹、纸、布等透气性能良好的传统材料。而如果要陈放白茶，则方法及原理同普洱大体相当。

就功能意义而言，茶叶的保存是衔接茶叶制作和茶叶冲泡之间的环节。我们在选购茶叶品质的同时也进行了茶叶保存情况的判断，而在购得后将继续进行茶叶的保存直至将其冲泡。从宏观的技术环节而言，一杯茶汤的味道表现取决于茶叶的制作、保存和冲泡三个环节，这在某种程度上也将制茶者、行销者和冲泡者三者联系了起来。因此我们相对容易疏忽的茶叶保存环节亦要尤其重视，以避免因保存不当而令优良品质的茶叶无味甚至变质的尴尬。

茶汤能品尝出干茶品质及冲泡技巧，也能品尝出茶叶是否储存得当

健 康

作为世界二大无酒精饮料之一，茶叶对人的保健作用可谓最佳。暂不论古时的中国人对于茶叶的诸多经验性的描述，现代科学已然殊途同归地证明了这些观点，即精确地衡量出茶叶的具体成分及测定其临床的功效。总的说来，茶叶中最有意义的保健成分主要有维生素、氨基酸和茶多酚，之外还包括咖啡因、矿物质、脂多糖、糖类、蛋白质和脂肪等。一般而言，维生素、氨基酸和茶多酚的含量均是绿茶最高，发酵度越高含量相对越低。

茶叶中的水溶性维生素主要有维生素 C 和 B 族维生素。在日常生活里，我们对它们并不陌生，并会通过果蔬摄入，而在茶叶中此类维生素的含量一般都大于等量的果蔬，但这并不意味着可以舍弃蔬果，毕竟我们对茶叶的摄入基量非常小。除了维生素 C 和 B 族维生素，茶叶还含有多种脂溶性维生素，比如其维生素 A 即胡萝卜素的含量亦高于等量的胡萝卜，只不过因为其并非水溶，不能溶于茶汤，故而通过冲泡茶叶的方式难以为人体所吸收。不过，这一缺憾并非不能补救，我们可以通过以茶入食的办法，在烹饪中获得维生素 A。

以茶氨酸为主的几十种氨基酸，在茶叶中的含量为 2%~5%，其中每一种具体的氨基酸都有其独特而不能取代的功效，在不同的茶类中含量多寡不尽相同。可以确定的是，它们大多是人体新陈代谢所不可或缺的元素，并且有的只能通过进食补给，人体自身无法合成。

茶叶中的生物碱以咖啡因为主，其作用主要是兴奋、强心与利尿等。我们平时喝茶提神的习惯养成，是由于茶叶中的咖啡因所引起的大脑皮质的兴奋机理。需要区分的是，这种兴奋的产生与酒精、香烟及兴奋剂等伴随副作用产生的物质的作用原理完全不同，茶叶中的咖啡因对人的刺激是一种纯生理性的兴奋活动，加之它与茶多酚等成分的共同作用，使得咖啡因很难长时间积蓄在人体内。

而所谓的茶多酚是一种以儿茶素为主的物质。在茶叶被引入现代科学的研究范畴之后，儿茶素一直是研究的焦点。而关于茶多酚的研究成果都表明，它最能给现代人的养生以惊喜，因为它在抑制致癌物质、抗辐射及抗氧化、抗衰老等方面有相当的裨益。

茶叶中矿物质的含量多达四十余种，其中不乏对人体的健康和平衡意义举足轻重的矿物质。钾的含量相对最高，它对于维持渗透压和血液的平衡及人体细胞的新陈代谢非常重要。此外，还包括锰、硒、锌、钙等重要元素。

茶叶中的脂多糖含量约为 3%，脂多糖有助于改善造血能力，增加免疫力并具有抗辐射功能。茶叶中的脂肪含量微小，可忽略不计；虽然糖类和蛋白质的含量比较高，但基本上不溶于茶汤，因此茶叶也无愧于低脂低糖饮品的称号。

我们生活中最常接触到的茶保健包括饮绿茶防癌，缘于绿茶是各类茶中保留具有抗癌功能的茶多酚成分最多的茶类；饮普洱减肥，缘于普洱在后发酵过程中产生的分解脂肪的特殊成分；用茶水漱口护齿，缘于茶汤中含防龋齿的氟成分；饮粗老茶防治糖尿病，缘于粗老茶含有更多增进胰岛素功能的茶多糖；饮茶助寿，缘于茶汤中所含的诸种元素是一剂复合的抗氧化和增强免疫力的良方。

杯盏之中的茶汤具有不同于食
物的丰富保健成分

17

茶铺里老人饮茶一景。中国人将一定的高龄称为茶寿，一是因为饮茶有助延年，二是趣指将茶字拆开来相加则为象征长寿的吉祥数108

之一 绿茶

作为不发酵茶，绿茶是诸种茶类中制作工序极少，最接近自然原生状态的茶类；冲泡绿茶的过程，就仿佛是手中时光倒流，绿色的叶片在青色的水中舒展，直至它重回枝头的过程。

作为不发酵茶，绿茶是诸种茶类中制作工序极少，最接近自然原生状态的茶类；冲泡绿茶的过程，就仿佛是手中时光倒流，绿色的叶片在青色的水中舒展，直至它重回枝头的过程。

不同于其他茶类，绿茶的采青时节只能是在春季；而在具体的采茶日中，所有茶类的采青时间均应是待到日出露干后，否则外在水分会影响茶叶品质。然而，唐人诗作中采茶时间的线索为"簇簇新英摘露光"，宋徽宗也在《大观茶论》中说"撷茶以黎明、见日则止"，可见唐宋均是在日出露干之前需完成采青，这是因为唐宋制茶异于今日而采用蒸青之故，露珠无碍于水蒸气的工作，且露干之前的芽叶显得更为饱满。

各种绿茶制作方式的差异主要体现在杀青和干燥的方式上。日本的绿茶保留了中国古代利用蒸汽杀青的方式，即蒸青。蒸青绿茶使干茶色泽墨绿，茶汤颜色非常鲜绿，宛如绘画的颜料，香气黯淡低滞。

类别	杀青方式	茶汤之色	茶汤之香	茶汤之味
日本绿茶	蒸青	非常绿，颜色饱和度高	黯淡无味	口感重滞
中国绿茶	炒青、烘青、晒青	青中带黄，透明清澈	高亢扑鼻	口感清新

而当代中国的绿茶主要有三种杀青方式，即炒青绿茶，如龙井、碧螺春、竹叶青等；烘青绿茶，如黄山毛峰、六安瓜片、太平猴魁等；晒青绿茶，主要是云南的滇绿及用作为普洱紧压的原料。中国绿茶的这三种干燥和杀青方式使得绿茶在色香味上均有一定的区分度，但总的看来，均是茶叶青绿，茶汤淡雅清澈而青中带黄，香气清新而高亢扑鼻。

　　绿茶是各类茶叶中不易冲泡的一种，其中一大原因即是水温的

朝生发之意　品饮绿茶之场景最得春

把控难度。由于绿茶的茶青是芽茶，即细嫩的芽尖和未成熟的叶片，故而冲泡绿茶的水温万不可过高，过高的水温不仅能杀死部分营养物质，并且会使得茶汤苦涩，失去鲜活的香味。笼统地说，80℃左右的水温适合绿茶，但在真正冲泡时具体的温度还应当视所泡茶叶的具体状况而考量。干茶的老嫩程度是我们考虑水温的最主要因素，茶叶越嫩，水温当略低；茶叶越成熟，水温应有所提高。

在我们熟悉的生活场景中，绿茶往往是被置于纤长优美的无盖玻璃杯中含叶冲泡。选择玻璃器皿作为冲泡工具的最大优点是我们可以直接观察到叶底在水中的形象变化和茶汤的情景，因此这样的选择并没有过错，但它并非唯一选择。譬如选择薄胎的瓷器盖碗，无论从精神气韵还是茶汤的表现，都恰如其分地衬托了绿茶的气质。总之，冲泡不发酵茶，应选择密度大，紧结度高，散热更快的材料以表现出绿茶清新鲜活的性情。按照这样的标准，银器等也是非常好的选择。

紫砂是中国茶席中最常用的器具，相对于瓷器而言，它的透气性很高，紧结度很低，散热较慢。如若用紫砂壶来冲泡绿茶，茶汤便会呈现出一种很奇特的味道——犹若中国北方的春天，比起南方来总不够清新和畅快，春天的气味也相对低滞闷结。这便是泡茶的材料对于茶汤的重大影响。当然器具的造型于茶汤表现也有一定程度的影响，比如紫砂壶的开口一般不如瓷器盖碗大，这也会影响绿茶茶汤的状态。

中国人有着品饮和赠送春茶的习惯，因而均于春天采制的绿茶纷纷在年初则抢先上市。一杯春茶，就是一杯早春的味道，尝鲜固然情趣十足，但仍需有所节制。茶为寒凉之物，发酵度越低寒凉越甚，也就是说，绿茶在各种茶类中最为性寒。在绿茶刚刚炒制完成之后，其茶性尚未稳定，对于胃寒之人尤其不适。因此，将新茶存放一段时间，待其状态更加稳定后再行品饮，会更利于身体之健康。

龙 井

中国的古诗总把杭州的西湖描绘成历史上最美的女子西施。在西湖边这片云雾弥漫、溪涧环绕的美景中，也产制出了和西施一样美的茶叶——龙井。龙井茶的历史颇为悠久，但是其名声远扬还是晚在清代那位喜下江南的乾隆皇帝时期。龙井茶的得名来自其产区中的一口水井。古传迎逢大旱这口水井亦未见干涸，因而时人以为其中有驭海之龙，故名龙井。龙井外壁之上的"龙井"二字，亦传为乾隆爷御笔亲提，让人不免生发怀古之幽思。

有趣的是，时至如今，龙井之中的水除了为泡龙井茶之用外，当地人在打麻将战局不利时，也会汲一抔龙井水，沾染面额肤发以求

龙井的干茶与茶汤

保佑转运。可见，龙井这个名词，已然成为一个颇有意味的文化和习俗之符号。

龙井茶在旧时因产区之异有"狮、龙、云、虎、梅"（狮峰、龙井、云栖、虎跑、梅家坞）五大旗号，而在当代则并没有这么明晰。按当地人的习惯，在成茶品质最好的狮峰一带所产的龙井，被称为狮峰龙井；而产于西湖其他周边地区则被称为西湖龙井；产自西湖之外更远的浙江地区的则被称为浙江龙井。当然，这仅仅是笼统的划分，由于西湖这个名词更具典故和标识意味且最为人们熟识，因而西湖龙井的称谓在日常生活中最为普遍。

龙井向有"色绿、香郁、味醇、形美"四绝之誉，这是对茶汤的色香味及茶叶外形的不吝形容。事实上，这种带有江湖气的修饰格调同样适合于其他大多数的绿茶。我们应当明晰，只有每一种茶叶所具有的独特气质，才是它们自己的辨识性所在。

若不考虑制茶师等人为因素，单就茶叶本身而言，龙井的品质取决于三个因素，一是茶园所在的具体位置，如上所述，地理环境使然，是以狮峰山所产为最。二是茶叶的采摘时间，明前为最，雨前尚佳。当地人也按龙井采摘的时间先后，将明前、雨前、雨后所采制的茶叶分别称为女儿茶、媳妇茶和婆婆茶。而用这样的习惯性称谓形容春茶因采摘时间早晚而出现的不同级别可能在其他省区也能

等次 品质成因	一等	二等	三等
产区	狮峰龙井	西湖龙井	浙江龙井
采青时间	明前	雨前	雨后
茶青	莲心	旗枪	雀舌

听到，并不仅限于龙井茶区。三是茶叶的嫩度，莲心是只采一芽的茶；旗枪为一芽一叶，因为芽紧裹如枪，叶展开似旗；而雀舌则是一芽两叶的象形之称。这三种称谓顾名思义，无比生动。就这三种茶而言，在冲泡时候的水温当以莲心最低，因为其嫩度最高，其他两种依品次略增。

由于莲心的产量极低，价格攀高，相当一部分人买此茶的目的均为送礼，而其中不乏功利之用，因此又有人将莲心戏称为马屁茶，直指当代人急功近利的迎上之风。联想中国古代，茶与文人的关系颇大，除了早春送茶外，还讲究"精茶数片"，因为上好的茶产量有限，故而送茶不在数量之多，而在于品质之精。高山流水，好茶就如同稀少难觅的知己一般难求。

龙井茶园里茶树枝叶之各种形态

25

除了有乾隆提名的那口水井为龙井茶涂抹了浓墨重彩的一笔外，栖身于龙井之邻、西湖之畔，被誉为"天下第三泉"的虎跑泉亦为龙井茶渲染了传奇色彩。龙井茶、虎跑泉，此乃西湖双绝，用虎跑泉水沏龙井茶，更是将这人间两大美事合二为一。若添得泛舟西湖上，泡饮二者之融浃，可谓极致了人间的良辰美景，再无它可求。

碧 螺 春

　　中国人无论南北，对于江南总有一种别样的情结，随着千年的历史氤氲流传而来。"上有天堂，下有苏杭"正是对此种情愫极大的体现。宛若人间天堂的杭州因龙井而增色，同样享此美誉的苏州则生长着另外一味名茶——碧螺春。

　　碧螺春产于太湖中的洞庭二山之内，此所山水而间，云雾缭绕，可称人杰地灵。碧螺春茶园更为独特的是其中茶树与各种果树相间而植，高大的果树既能为茶树遮阳挡霜，并且其根系枝叶与茶树连理交缠。花香果香绵长，似情人般耳鬓厮磨，碧螺春的香味有如得此熏浸般染润着花果香味的娇柔。

碧螺春的干茶与茶汤

不同于龙井因产地得名，碧螺春的茶名则是其色、形、意的直接写照，碧绿为其色，卷曲似螺写其形，而一品则满口春意。龙井茶外形似剑片，而碧螺春纤细卷曲、白毫密被。白毫是茶树嫩芽背面的纤细绒毛，其多寡是绿茶嫩度高低的一个显性特征。异于碧螺春的是，即便高嫩度的龙井，在制作过程中也更趋毫隐，并不强调白毫的显现。因此龙井的白毫特征不明显，并非因为其嫩度不高。而冲泡碧螺春时，水温可以相当或略低于龙井，而由于揉捻等原因使碧螺春的溶出速度快于龙井，故同等条件下冲泡的时间应相应缩短。

茶名	外形	茶量	水温	冲泡时间		
				第一泡	第二泡	第三泡
龙井	剑片状	1/4壶	80℃	40秒	15秒	30秒
碧螺春	细软卷曲	1/4壶	75℃	20秒	即冲即倒	10秒

依照最实用的以壶或盖碗为冲泡器具并逐次将茶汤分离入盅盏或公道杯中的非含叶泡茶法，若将其每一道冲泡的时间长度连接起来，会呈一个倒抛物线的趋势，即第一道时间较长，第二道时间最短，第三道时间在第一道上下不等，从第四道开始则明显地越来越长。这个规律基本适用于所有茶类，其原理本身也很好理解，在不考虑温润泡（很多人将其称为"洗茶"）的情况下，第一道时干茶尚需和沸水充分接触，第二道最短因为其可溶物已蓄势待发，从第三道开始则需要越来越长的浸泡时间来释放茶叶内含物。

在既定茶量和水温的情况下，每一道冲泡的具体时间主要和茶叶本身品质相关，但也会涉及其他因素，比如上一道茶汤分离后湿茶在壶碗内的等待时间，若该时间越长则接下来一道的冲泡时间应略有缩短；还比如泡茶环境的温度，应根据气温高低相应增减浸泡时间。本书在卷上各章中提供的泡茶数据均是以冲泡五道的茶量为基准，在这个基准下实际能冲泡多少道完全取决于具体冲泡茶叶的品质如何，一般而言，绿茶可能冲泡不足五道，而更高发酵的茶叶则可能多于五道。尤其需要强调，本书的冲泡数据特别是每一道的浸泡时间，只是为了给初涉泡茶者在没有概念的情况下提供一个定位，万不可作为标准化的参照，须知同样称为龙井或碧螺春的茶叶，它们的个体情况也是完全不同的。

外形及冲泡之外，龙井的香气清澈如初试锋芒的薄衫少年，一副初生牛犊不怕虎的架势，有着春寒料峭的凛冽。而碧螺春的味道，即便未若"满盏真成乳花馥"，却也是如同待字闺中的少女般温婉娇媚，惹人怜爱不禁。

碧螺春之产地太湖一景。太湖是当前中国水域面积仅次于鄱阳湖的淡水湖

29

无论是其事确凿或者后来附会，每一种美茶都有其动人的故事和因此带来名人价值的典故，几乎没有例外。如龙井乃乾隆题名一般，碧螺春的名号也有康熙干涉。相传古时碧螺春茶园采青之事，是由处子之身的待嫁少女拈摘完成，其间暂置于胸间衣襟之内，正所谓古诗言"一抹酥胸蒸绿玉"。而由于体温使得茶叶幽香异发，因此这种茶叶被采茶的老百姓称为"吓煞人香"。后康熙得此茶，喜其茶美味香但嫌名号欠雅，故御赐碧螺春以正其名。

古画《调琴啜茗》中的少女最得碧螺春温婉之味

蒙顶甘露

在以地理单位而自然划分成的产茶区中，蜀茶在中国茶叶的市场份额并不突出，既无法与长江流域的绿茶相比衡，亦难能和福建一带的乌龙一较高下。然而蜀茶所承载的历史意义和耐人寻味的感官特质，是在中国极其丰富的绿茶资源所重峦叠嶂地构建起来的系统中颇具个人意气而无可取代的一环。

最深得你我之心的诗人李白曾云：蜀道难，难于上青天。这正是四川最基本的地理特征，即山峦重叠，险峰不断，独有屏障天成，四川也因此而拥有众多的名山。名山出名茶，在这些云深雾重的山林之间，终日湿润水汽不散，与茶为邻的植被和飞禽走兽均繁异多般。

蒙顶甘露的干茶与茶汤

传为采摘进贡宫廷的皇茶园，蒙顶茶自唐代起便被奉为贡礼

中国唯此一处的地理环境让这里的空气雨露飘逸俊美，也让峰峦中的川茶独具灵性。

峨眉天下秀，青城天下幽，峨眉山和青城山均是古来之名茶产地，而蒙顶山所产制的茶叶，却是川茶里最具历史感的无二王者。提到蒙顶茶，都会念及与之相随的名句：扬子江中水，蒙顶山上茶。事实上，蒙顶茶除了同龙井和碧螺春一样同为历史上朝廷供茶之外，它还是当今可循的名茶中有文字记载的最为古老的一种。因此蒙顶茶独享一路历史赞歌，文人名士的诗句和蒙顶茶叶相伴流传至今。此外，蒙顶茶亦有中国古代人工种植茶树的最早文献记录。故而根据历史索引，蒙顶山的茶树并非是此山自生，而在浸淫了蒙顶千年的雨露之后，它业已与这片山林水乳交融。

蒙顶茶自古时入贡起就被制作为几种不同的茶，其中蒙顶甘露为当今制作和传播之主流。蒙顶甘露的制作及揉捻与碧螺春相似，均是紧卷纤细、身披银毫。当然风味则另有指向，如其名曰甘露，其茶汤正似甘露般沁人心脾，纯净而灵性十足。

蒙顶甘露的干茶形态与碧螺春相似，其茶青嫩度亦相当。因此冲泡蒙顶甘露的器具、水温、茶量和每一道的时间等亦可以碧螺春为基准再加斟酌。民间在冲泡这两种茶叶及其他采青嫩度颇高的茶叶时，均有"上投"的主张，即在壶碗中注入热水之后再投以干茶。上投法一是创造出了从注水到投茶的一个缓冲时间，在较之注水器更加小体积的壶碗中滚水可更有效地降低温度；再者茶叶从水面沉入，能避免冲水时的力道及在壶碗中激烈冲撞。若要以上投法为参照，那在本书中所言及的置茶方法均为预投，即先置入干茶再加入沸水。

而在四川街头巷尾最寻常的茶馆茶铺里，店家为你泡一杯绿茶或花茶基本都会默认采用中投法，即分两段注水，第一段是三四分之一左右的含叶沸水，稍候再继续注满沸水。而此间的茶客一般也都不会将含叶的茶汤饮尽，而是每次留剩些许作为"茶母子"等待店家再次注满，茶母子在这里的功能相当于中投法首次置茶时第一段的注水。店家如此反复操作以至茶味殆尽或茶客离开为止。顺作提示的是，在本书中未做特殊说明的倒茶方法，均是每一道尽量滴尽壶碗中茶汤而不留剩于泡茶器中。

在 2008 年四川的"五一二"地震中，蒙顶山也是受灾地区之一。经历了地裂天崩的历史变迁，川茶在尘埃落定后更是让人平添了一抹难以言明的情结，蒙顶茶也来得更加珍贵而片片关情。

长流壶功夫茶在四川地区颇为流行，有极强的观赏性。而其实用性在于长嘴可以在拥挤的环境中隔着桌椅或更远的空间注水，且壶中沸水在注入盖碗的过程里降低了水温

竹 叶 青

　　竹在中国文化及老百姓生活中有着不可比拟的非凡意义，其影响深深渗透入了日本文化，并辐射了整个亚洲地区。恐怕一定程度上因为李安电影《卧虎藏龙》中蜀南竹海的景象，大多数的西方人才对中国竹文化有了感性层面上的一定了解，尽管事实上竹对于中国人的重要程度远非如此。在造纸术出现之前，中国的文字一直在竹简上记载，换言之，竹承载了中国最早的文明和历史，也一直是文人骚客诗歌书画的主题。而不论古今，竹叶煎水，竹笋入食，竹身成器，竹根为雕……竹不仅贯通了古今，还串联了我们生活的每一层空间。

竹叶青的干茶与茶汤

宁可食无肉，不可居无竹。在南方特别是蜀国的土地上，一拢翠竹环绕着一离村落是沿袭了千年的不厌风景，而四川的座座名山中更是聚集着无尽竹海。竹梢在空中永远垂落着轻拂空中的尘埃，像是害羞少女低垂眼睑之神情，又如同温其如玉的谦谦君子风度。人们喜其四时不变的翠绿，故而"竹叶青"这个名词尤其被人们常用，除了即将谈及的茶叶之名外，它还是一味四川名酒及一种常见于南方蛇类的名字。

　　同为蜀茶，竹叶青的得名尚不足半个世纪，与千年名号的蒙顶茶似乎不能同日而语。但这并不意味着峨眉山产茶的历史有所晚短，或其名号不够彰显。峨眉山所产的茶叶在唐时就被列入供茶诸品，而现代竹叶青尽管创制较晚，却传为陈毅元帅所取名，因此其故事亦然不减传奇色彩。

　　秀甲天下的峨眉山同样拥有翠竹成林，这也让峨眉山的茶叶浸染了竹之习气。竹叶青之名，如同碧螺春一样，亦可诠释其茶之形、色、味。其干茶条长，两端尖细而中腹微实，形似竹叶，冲泡时茶叶能如悬针般垂立于水中；其色青如竹，茶汤亦如经竹叶晕染后的浅淡含翠；而其香气与味道，也似竹叶性情般微苦而回甘。

　　若要深究，竹叶青的味道更有茶禅一味的内涵。在竹叶青得名之前，一直是峨眉山万年寺及其他寺庙一带的僧人种制，以备在坐禅时品饮。比起龙井和碧螺春香气之先声夺人，在同样的水温冲泡下，竹叶青之香味并不那么突出，非无香而代以悠长致远，非静心沉敛不能体味融裔。同样是少年般蓬勃的绿茶，竹叶青却多了一份沉寂和淡定，多了一份如竹般的气节，多了一份举重若轻的内在力量，他是雀跃的孩群中稍显落寞而不从众的那一个。品茶如参禅，这正是竹叶青的味道。

　　在绝大多数人心里，竹叶青是和其他名茶一样的茶名。而事实上，"竹叶青"已被四川同名企业注册为其商品名，仅此一家生产的竹叶青茶才叫"竹叶青"。因此在其他茶叶品牌的商品里，哪怕同样的茶叶也不得不被改称作其他名字，但一般都尽量沿用了"竹"字。竹叶青尽管在四川很知名，但就全国范围来看仍然是一种小众的茶叶，在这种情况下将其强占为商品名，无异于一场饮鸩止渴的荒唐闹剧，亦无益于整个竹叶青市场的长远利益。从文化角度而言，这种强具地方保护主义色彩的行为，除了中饱私囊外，对于竹叶青茶的推广和传播有百害而无一利。

成都街边处处皆可为饮茶处

我们对于茶叶名称的保护无疑非常必要，但同时一定要理性而得当。数年前云南省普洱茶协会就启动了普洱茶的地理标志证明商标以求保护，几年后浙江省也为其境内的诸多地区申请到了龙井茶的证明商标。这两个名茶案例在保护其茶名商标的同时，亦保证了其相应产茶区的足量的茶叶支持。毕竟，茶叶当然应该并且必须有品质级别之分层，但绝对不应当成为少数人占有资源或独有话语权的垄断行为，不应当炒作为阳春白雪而不能进入寻常人家。

清代文人郑板桥之墨竹图，其浓淡疏密之气与竹叶青颇为意合

之二 黄茶与白茶

黄茶和白茶都有微乎其微的发酵。黄茶的味道似乎是少年们在长大过程中不时会有的迷茫和未知；而白茶本身并不带有浓烈的情感倾向，即便物理空间再近，它独有的清明的仪式感也总是不断拉开着和你的距离。

41

黄茶大概是各大茶类里较不为人熟知也相对最少饮用的那一茶系。黄茶的制作在工艺上相似于绿茶，却多了一道焖黄的工序，正是这项工序使得茶叶在杀青基础上有所发酵，黄茶的叶和汤也得以转变成了黄色，这便是为何人们惯于形容黄茶为黄汤黄叶。

　　黄茶的焖黄工艺不同于乌龙茶和红茶的发酵。乌龙茶和红茶的发酵是后文会述及的酶促作用，而黄茶的焖黄则是一种湿热作用，它和熟普快速陈化的渥堆工艺在本质上更为接近，只不过焖黄是浅尝即止，而渥堆则充分尽致。黄茶和普洱都是以绿茶为起点前行了远近不同的旅程，若要在茶类间再行分门别类，这两种外表迥异口味轻重悬殊的茶类在本质上的相似性大概出乎了各位的意料吧。

蒙顶黄芽的干茶与茶汤

在平日生活里，久置和保存失法的绿茶亦会暗黄，其颜色是一种由外而内的陈旧枯索感，如若冲泡，其茶汤口感定与外形感一样乏味；而黄茶之温润的色泽则散发着一种由里及表的内在张力，这是非酶性氧化之后的黄色。若以绿茶为参照，色泽的趋异之外，品饮黄茶的茶汤首先就可以捕捉到其轻微发酵所带来的香和味的变化，其口味少了绿茶的鲜明和盎然，也少了对肠胃的寒凉刺激；在茶汤的质感上，则比绿茶的轻盈透明多了些微的立体厚度，也多了一点好似小朋友在成长中的懵懂感。

绿茶和黄茶就像是少年性格的两面，前者是占主导的一面，是符合其年龄感的蓬勃、生发和焕然，是时光驻足般全然反射着当下的一面；而后者则是他们在长大过程中不时会有的迷茫和未知，是光阴流转中有着前行趋势的一面。

在前文绿茶里述及蒙顶甘露，而蒙顶茶除甘露之外，黄芽亦是自古一绝。所谓蒙顶黄芽，"蒙顶"当然为其出处；"芽"亦如前所述指采芽为茶青；"黄"则是说明其为黄茶的一种，并非绿茶。尽管黄茶在中国的茶类中不为大流，但它并不乏如蒙顶黄芽这样铿然古今的名茶。值得注意的是，同为蒙顶之茶，蒙顶黄芽的揉捻外形迥然不同于甘露，它扁直而匀整，揉捻度重于甘露。除了蒙顶黄芽之外，中国知名的黄茶还包括君山银针、霍山黄芽、北港毛尖等。

茶类	茶青	颜色	工序	发酵
绿茶	芽茶	清汤绿叶		
黄茶	芽茶	黄汤黄叶	较绿茶多"焖黄"	在焖黄时有所发酵

黄茶的色彩感是一种黄而可溯其绿的过渡结果，在自然界的花果颜泽中有迹可循

同黄茶一样，白茶似乎因为比绿茶多了一点轻微的发酵而稍微疏离了自然的原生状态，但白茶的采制步骤却比绿茶更少。白茶工序的极简主要在于两个方面，一是不经历杀青，这是白茶可以长年存放并慢慢醇化的内在基础；二是不经历揉捻，因此传统制作而成的白茶定型在一种蓬松而类似干枯叶片的状态。这种干枯的形态很大程度上缘于白茶极重的萎凋工艺，而重萎凋也是白茶不进行任何程度的揉捻的部分原因。我们在市场上所见的一些白茶呈饼状，那是另一道工序"紧压"所致；对白茶进行紧压更多是由于近几年受到普洱茶压饼的影响，并非历来有之。若不论紧压，白茶在采青和萎凋之后，即可通过晾晒或者文火加温的方式干燥成茶。

压制成饼的寿眉及其散茶的形态

相对于其他诸种茶类，重萎凋是白茶无可替代的特质，而新制白茶的轻微发酵也是在重萎凋的过程中伴随产生的；换言之，白茶的发酵并非是一种主动的选择。而正是这种被迫的微发酵，微妙地拉开了它与绿茶之间的距离，更是明晰地区别于其他部分发酵和重发酵的茶类。

　　白茶同时又是诸茶类中品种最少的那位。白茶的产地主要集中在福建，根据树种尤其是茶青采摘品级的高低，将其制作为不同的种类，市面上常见白毫银针、白牡丹和寿眉这三种。我们常说的贡眉本是寿眉中的高品级名称，但在生活中大部分人不论其品级均更倾向于使用贡眉的称谓。

　　白毫银针在白茶中最为知名，最上乘者仅取芽心作为茶青。白毫说明其嫩度；银字写其色泽，这样的色泽与树种有关，也因其重萎凋之后褪去了天然的绿色；针字喻其外形。因此即便不识此茶，从茶名中亦能判断其采青、相对色泽和揉捻状态；当然银针二字也是其稀少珍贵的写照。白毫银针制成干茶，身披熠熠白毫，已然有不食人间烟火的灵妙之感；而若冲泡在透明或敞口可见的杯中会根根直立起来，悬坠于水中仿佛就是日晷上的粒粒晷针，此时任何光线的投射都带着测量日影般的仪式感。这种有生命复苏般的仪式感自是与人间再珍贵的寻常物器均不同，也更关乎参与个体内心的感受。

　　除了白毫银针之外，其他揉捻成针状或接近的茶叶一般都可以在冲泡的水中垂坠起来，比如前文提及的竹叶青和龙井之莲心。而越是单芽，其垂坠的竖立感则越强。当白毫银针或只采一芽的竹叶青在水中垂坠沉浮时，芽尖顶向天空而芽梗垂对水底，仿佛是一名名善于制衡的武林高士，他们深缓难辨的气息都穿透在直立的轮廓线微妙沉浮的起息之间。此外，当并采芽叶的龙井逐渐舒展于热水时，亦会在下沉之前出现短暂立于水中的景象，但与银针竖立的朝向不同的是，其叶梗会朝上，芽叶垂向水底，而芽叶在水中得以四面地舒展绽放，再不同于剑片干茶时扁平的旗枪或雀舌的形态，这般风情又成了凝落在古画中的一位位裙袂当风的女子。

　　严格地讲，白牡丹的茶青一般会采摘一芽二叶，制成后芽心带白毫，叶片颜色略深，其干茶时因未经揉捻而卷展似牡丹花瓣的形态质感及在水中绽放后的变化，被初制该茶者喻其形为白牡丹。自然，旧时的文人茶客有他们更加视物水墨化的眼睛，形与意的分野并不截然；但即便以现代人更加西化的视角看来，虽干茶是否形似其名见仁见智，却难以否认茶汤的气度与韵味亦是贴切于白牡丹之名冠。

　　寿眉在旧时采制于不同的白茶树种，在当代则主要是体现在其采青等级比白牡丹又更加粗老了一些。采青等级的区异除了在干茶上一目了然之外，茶汤的色泽亦明显不同，从寿眉到白牡丹再到白毫银针，其汤色趋白而愈浅。而在冲泡获得这三种茶汤时，因为茶青嫩度不同要心存水温依序略为递减的意识。总的说来，冲泡白茶的时间需要考虑到其未经揉捻和萎凋极重，故而比起其他茶类来需要酌情延长浸泡时间；而冲泡的水温则应考虑到其芽茶采青和低微发酵，故而应略高于绿茶但低于乌龙茶。

　　此外还需要另外提及一味茶，即是我们常常会误将其自然归入白茶类的安吉白茶。和历史上最知名的绿茶一样，安吉白茶也来自于江南，而其具体产地是天目山庇及的浙江安吉地区。该茶实为绿茶，而被直呼为白茶，是缘于其母株为生物学上变异现象所生发出的特殊白化树种。从明前到雨后，茶青芽叶在枝头由白色逐渐转染为绿色，而此期间所采制的安吉白茶，则在相应的时间点定格了那一抹成绿之前的白。每每冲泡安吉白茶，当干茶在水中浸润舒张，倒流回芽叶新发于枝头的状态时，那一抹白色便在叶底上更为清明地显露出来。

　　总的来说，在各大茶类中，绿茶的氨基酸含量最高，这也是为何我们品饮绿茶茶汤时比其他发酵茶更得清甜、鲜爽和恬淡之感。而具体地看，安吉白茶的氨基酸含量则比龙井等其他绿茶高出甚多。也许部分因为这个缘由，比起龙井的凛冽和碧螺春的娇媚，安吉白茶在唇舌间的气质少了些个性和具体指向，更加平稳而开放，且多了些纵深的但不会让你产生透视般距离感的透明厚度。

相对于普洱大多都会制作成饼、砖等，白茶一般根据不同的品级及种类选择紧压成型或者不紧压，比如白毫银针一般不制作成饼，而白牡丹、寿眉则会大量压制。自然，压制白茶客观上创造了比散茶更方便陈放的空间条件。白茶和普洱都可以存放经年，其生物基础在于白茶不杀青而普洱内存微生菌及不完全杀青，这样的特性为它们在制成之后时光流淌中的醇化或是后发酵，提供了内在空间的基础；而温湿度、通风避光状态及空气洁净度则是醇化效果的外在条件，对于老茶的口味亦至关重要。

茶名	茶类	外形	茶量	水温	冲泡时间		
					第一泡	第二泡	第三泡
白毫银针	白茶	原叶针状	1/2 壶	85℃	70 秒	40 秒	50 秒
安吉白茶	绿茶	条索状	1/2 壶	80℃	40 秒	20 秒	40 秒

白毫银针的干茶与茶汤

48

自然界中的白茶之色彩感

白茶之陈放与普洱之陈放并不相当，主要在于它们陈放过程中内部醇化机制的差异。为了尽量阐释清楚这个问题，需要先从现代科学定量分析的角度再次解释茶叶发酵的原委，茶叶是否发酵以及发酵到何等程度，取决于其中的多酚氧化酶是否被钝化，以及在未钝化的情况下该酶催化茶叶中以儿茶素为主的茶多酚到何等程度。绿茶经由杀青，完全钝化了多酚氧化酶；而乌龙茶和红茶则是不同程度上激发了该酶的活性并催化茶多酚形成了不同的发酵等级。

　　针对白茶和普洱的问题而言，白茶未经杀青，因此其多酚氧化酶未被钝化，在累月经年的长时间存放中，该酶一直催化着茶多酚形成后发酵的效果。因此不妨将这整个过程理解为快速全发酵之红茶的超级慢镜头版本。当然，茶坯本身的差异和不同长短的岁月这两者的综合作用使得数年老白茶的风味并不简单地类似于红茶。普洱茶虽经杀青，但杀青并不彻底，其中亦有一部分多酚氧化酶未被钝化且在其后的揉捻中极大程度地破壁而产生活性，催化于茶多酚。但是，这种有限的酶促活动只是在一定程度上辅助了普洱茶进行后发酵，普洱茶在存放过程中茶青附着带来的数种微生菌的不断作用才是作用于其后发酵过程的主要因素。

　　白茶和普洱的后发酵问题若要精确描述起来比较复杂，亦需要更多的有效实验数据的支持。而从饮用上来讲，因为生普过于强劲而刺激，故而人们更倾向于将其存放，经过相对较长时间的后发酵之后品饮熟普，当然也有不少族群喜爱前者的风味；而白茶的日常品饮则比较平均化，从其年新茶到老白茶之间的各个程度都为大家所接受。

　　民间俗语谓白茶曰"一年茶、三年药、七年宝"，老白茶的口感更有一些不同于茶味的醇和中药味，也是在中药店里可以购得的一味针对消炎解毒等的药方，清人便曾明确记载其为麻疹圣药；而称经年的老白茶为宝，自然是言其保健和药用价值的突出及价格的不菲。

代茶荷之杯盖中的干茶正是自
白牡丹茶饼中掰取而来

诸多饮茶之人均有在泡饮老白茶后再将其煮饮的习惯，一是因为经年的老白茶珍稀，再者我们常遇的足年老茶往往并非当时之人专门保存陈放为当今市场所设置，茶青常常并不鲜嫩而是更趋粗老，使得泡饮难能尽致激发老茶的陈韵，若经煮制其岁月深长的味道方渐得饱满充盛。我们常常煮饮的老茶除了白茶外，还有陈年普洱及逐年焙火之茶。煮饮是为了茶味之淋漓，但若从食品安全的角度考虑，烹煮的方式会使得茶叶中可能存在的农残和重金属等有损健康的物质更易溶出。因此如若是足够年头的老茶，多年前新制时异于今日市场供需关系下的茶叶种植相对更值得信任，请君且行享煮饮之乐；但如果是近几年的茶坯则需考量，或酌情而煮。

在煮制老白茶时，很多有经验的茶者都喜欢加入经年的陈皮将老白茶的味觉推向极致，陈皮不仅是一味价值甚高的中药，其陈年深醇感之口味能与茶汤绵密渗透相得益彰。十多年的白茶与陈皮煎煮，一杯茶汤就是一杯时光深远的味道。泛泛而言，一般意义上各类茶汤给人的感官体验是质轻而上扬的轻浮感，越新或发酵度越轻的茶越是如此，故而饮一口茶汤会给人以为之一振的气神上扬之感受。而老茶或发酵度高的茶汤，即便其味深沉，其重心依然倾向于上行而非下坠，整体感觉仍带有多少不定的飘忽感。陈皮本为橘柑之皮，质轻而芬芳，其味经陈放亦难能下沉，因此在这一趋向上老茶与陈皮性情和同。为了调整这个味觉，笔者的独门配术是在老白茶和陈皮之外再加入核桃中的隔心木。隔心木本是入肾入脾的中药良方，加入茶汤中煎煮无味无香，不影响茶味，却能如葡萄酒中的木味质感般使得茶汤增加沉坠之力，以获得与老茶之度量相一致的味觉结构上的稳定。此外，亦有人以沉香末入老茶，此乃成本太高的小众之举，不为详述。

如前文提及，白茶的压制成饼只是近几年才出现并流行的工艺，因此如果在市场上遇到号称十年或以上的成饼老白茶，那基本上是名不副实的。亦需提及的是，不同于普洱压饼存放的形式被大众所普遍认同，白茶是压饼抑或散置更益于陈放，在制茶者和品饮者中大家的意见并不一致。白茶成饼或散放过程中陈化情况的定量观察，需要涉及更精确的实验条件如温湿度如空气流通量等的控制，也需要大量的样本追踪并考虑到更新的压饼工艺。尽管如此，如同我们一贯的品饮态度，大可不必纠结于哪种方式的茶叶更好，比起参考实验室的数据更为可取的是，你完全可以信赖个体经验、品饮习惯和感官判断所做出的当下选择，而此次的判断及共饮者的意见亦可以作为你下一次调整或坚持你的选择的依据。毕竟，对于品饮而言，专注于当下手中的茶汤，找到你和它之间的最好连接，比任何理性考量更能完善你此刻的茶事行为。

在陆羽的《茶经》里便有白茶这一名词的出现，而北宋徽宗赵佶在《大观茶论》中谈及白茶，谓赞之其叶莹薄，表里昭彻如玉之在璞。尽管我们当下日常饮用的白茶之称谓也正是因为新制白茶的干茶和茶汤都比其他茶类更接近于白色，但今日之白茶并非宋时白茶；包括在蔡襄名句里"故人偏爱云腴白"，他们所指的白茶都应当是如安吉白茶一样树种白化的绿茶。在对现代白茶工艺之溯源的各家考证中，更可信的观点是其历史仅可以往前推进至清代而已。

故而，明人在《煮泉小品》中所谓"茶者以火作为次，生晒者为上，亦更近自然，且断烟火气耳"虽被今人轮番引用以描述现代白茶，但文中所指也并非是白茶工艺的晾晒，而更可能是指绿茶的杀青方式。尽管所指非白茶，但是白茶确比其他茶类更无可替代地褪尽了人间烟火气。新制的上好白茶更是没有激扬的香味，像是雪霁而晴的转换间天空中徙而逝去的那一抹白色。

白茶本身并不带有浓烈的情感倾向，它的气质亦比其他茶类更能淡化其外形的存在感。即便物理空间再近，白茶独有的清明的仪式感总是不断拉开着和你的距离，似是一个只能被珍藏心底并无需去强求实现的理想。尽管它可能并不是你通常意义上爱慕的那一种类型，但偶得遇见，它便不知何故成了每个人心中都会有的那一位牵思不已的女神或男神，淡然而不冷漠，远遥而不渺茫，酽念不可得。

荷之主题的茶席亦宜白茶气质

之三 乌龙茶

乌龙茶介于不发酵的绿茶和全发酵的红茶之间。茶叶发酵度从无到有，从低到高，其茶汤颜色会呈现从绿到红之间的渐变色阶，而香味会呈现从自然味道到人工风味之间的渐变状态。

　　乌龙茶又被称为青茶，它是采用茶树成熟的叶片，经过高低不一的部分发酵，经历比绿茶更重的揉捻，而且选择性地加入焙火等工序的茶类。当然，其中也有一些例外，比如台湾的白毫乌龙便是唯一一种采用芽茶的青茶，而岩茶则是比大部分绿茶更轻揉捻的特例。乌龙茶介于不发酵的绿茶和全发酵的红茶之间，制作工序相对最为复杂。

类 别	茶汤之色	茶汤之香	茶汤之味	图 示
绿茶 不发酵	绿	青草香	清新	
文山包种 轻发酵	浅黄	花香	↓	
岩茶 中发酵	橙黄	果香	↓	
白毫乌龙 重发酵	橘红	蜜香	↓	
红茶 全发酵	深红	糖香	凝重	

　　乌龙茶茶青所选取的成熟叶片和其相应的发酵度相符合，而乌龙茶发酵度的高低，取决于茶树树种、成品茶的期待状态，以及历史潮流等诸多因素。因此某一种具体的乌龙茶，其发酵度也会在不同的历史时期有所变化，比如铁观音；也会有一些茶的本体特性决定了其发酵度延续不变在一个相对稳定的状态，如武夷岩茶和白毫乌龙。茶叶发酵度从无到有，从低到高，其茶汤颜色会呈现从绿到红之间的渐变色阶，而香味会呈现从自然味道到人工风味之间的渐变状态。

焙火是一部分乌龙茶会采用的制作工序之一，焙火对于如岩茶这样的乌龙茶必不可少，而有的乌龙茶则可以选择焙火与否，如用铁观音或台湾乌龙为茶坯制作的熟火乌龙。对于焙火之后的乌龙茶，我们往往认为其可以暖胃，这其实是一个大的误区。在谈到绿茶时，提及茶为寒凉之物，故而无论如何制作，其寒凉之性只会降低到某个程度。乌龙茶经过发酵，其寒性不及绿茶；而焙火后茶叶吸收火味，寒性则进一步降低，但并不足以转换为温热之性。我们也习惯性地称经过焙火的茶为熟茶，但一般并不会对应地称呼未经焙火的茶为生茶，只需留意在这样的语境下和普洱生茶熟茶的概念不同即可。

焙火和发酵都会对茶汤的颜色造成影响，如前所述，发酵会让茶汤的色相产生从绿至红的过渡，而焙火则是让茶汤的明度发生从高到低的变动。

发酵和焙火对茶汤颜色的影响差异：

	程度低	程度高
发酵	绿色	红色
焙火	亮	暗

同一发酵度的茶叶，其茶汤在焙火前后呈现从明到暗的变化

冲泡成熟叶所制的乌龙茶的水温一般不低于90℃，但也会视茶叶的具体状况及老嫩程度有所增减，另外焙火越重者，水温当越高。就冲泡器具而言，紫砂是由南到北最深得人心的材料；紫砂可谓是为茶而生，从古至今没有一种材料能像紫砂一样与茶的关系如此密切。

　　紫砂的紧结度和散热性均低于瓷器，从理论上而言，发酵度越高的茶或越熟的茶越适合用紧结度和散热性低，并且胎身更厚的材料；这也就是为什么我们用薄胎瓷质盖碗冲泡绿茶，而选择紫砂壶冲泡乌龙茶。但这并非不二真理，发酵度偏轻的乌龙茶，亦是非常适合用瓷器去表现其茶汤。同一乌龙茶，若用瓷器冲泡，则得其香而韵味稍减；若用紫砂，则回味悠长但香气不如瓷器冲泡时高扬。故而泡茶器具材质的选取，并没有一成不变的定律，除了取决于茶叶本身的特点外，泡茶者的主观动机亦是一大标准。

　　乌龙茶的复杂同样体现在其采制的时节上，春天和冬天都是采制乌龙茶的最佳时节；如若在秋天采制，茶的质量则会大打折扣，味道和香气都难有好的表现。夏季一般不是制茶的时节，但是白毫乌龙这一特例却一定需要在夏季采制。

自然界的中轻中发酵青

茶之色彩感

63

武夷岩茶

　　岩茶产于武夷山，它的每一棵植株都扎根在坚硬的岩土里，它的每一片茶叶都包含着岩石之韵，如同陆羽所谓茶之上者生于烂石，此乃岩茶之名的直接由来。武夷山处所奇特，这里有着仁智兼存的美丽风景，也是朱熹的理学重镇。更为奇妙的是，武夷山本为绿青红黑各种茶类的渊源地。其砾质风化后的岩土，成就了武夷岩茶的美名，而岩茶的所谓岩韵，似乎又是武夷丹霞地貌的味觉化表现。

　　与现今无性繁殖而扦插遍山的状况不同，传统的武夷岩茶均是有性的众多株群，且每一株所制作的岩茶味道都有所不同。因此，岩茶的品种多至上千并非夸夸之谈。而大红袍一直是这些岩茶中的噱头所在，也没有一种茶的根源能如大红袍这样拥有如此之多的非议。

岩茶的干茶与茶汤

传存大红袍母株的天心岩。其真实性重要程度已退隐于其文化意味的身后

岩茶之汤在岩骨花香之外，亦有火味的温暖感

66

关于大红袍母株的考证从未曾低落过，但也未有强具说服力的结果。一直以来，有相当一部分人认为在天心岩九龙窠题字石壁上仅存四株的古茶树为大红袍母株。

时至今日，尽管市面上所流通的岩茶多名为大红袍，但事实上并不再有严格意义上的大红袍。有研究结果认为，传统意义上的大红袍实际上是茶农拼配不同岩茶品种的结果；而武夷地区的引导市场也会找到一茶种来命名为大红袍，使其成为武夷岩茶的金字招牌继续招展迎风。因此，岩茶的四大侠客，"大、水、白、铁"（大红袍、水金龟、白鸡冠、铁罗汉）里，呼声最高的大红袍更倾向于一种等级的名称——这样的理解更加符合现实。

岩韵、较高的发酵度、焙火，是岩茶不变的味道，这亦然是岩茶孤独的味道。在这个随着流行而变的社会里，一切都在与时俱进。绿茶太过单纯，从茶青到制作，都没有可变的因素，而乌龙茶则是改头换面着新装。当今市场上的乌龙茶，基本无焙火，且发酵度比起传

岩茶焙火工序的场景

67

统做法轻了许多，我们印象中传统乌龙该有的特性似乎在现实中已悄悄改变，其中铁观音是其典型代表。

乌龙的绿茶化，并不是始于铁观音，而是始于中国台湾地区。宝岛台湾有白毫乌龙这样无可复制被英国女王也美誉为"东方美人"的茶叶，但其总体竞争亦无法和大陆抗衡。因此台湾茶人另辟蹊径做轻乌龙，强调乌龙的香味并以此作为评茶的标准。在福建乌龙传入台湾后，出现了以北部的包种和中部的冻顶为代表的绿化茶，这似乎也是顺应了现代人喜爱绿茶的潮流。

在做轻的乌龙几乎充满整个乌龙茶市场的时候，唯一坚持的只有岩茶。其小众化的原因还在于岩茶轻揉捻造成的条索状干茶占据了相对意义上的大空间，容易破碎且无法抽空包装，不利于流通。另外岩茶若要保存数年，更需保证其存放环境的干燥度，也常会选择逐年再行焙火。我们常饮的焙火茶还包括武夷地区的肉桂、水仙以及广东地区的凤凰单枞，它们的揉捻大多与大红袍一样；而球状的乌龙茶比如铁观音、台湾乌龙等也常会焙制为熟火乌龙。

岩茶就像是一名孤独的隐士，只属于山水深处。它的气质接近于不惑之年的男性，有传统的惯性，有生活的历练，有一些固执和小小的迂腐。他不屑于解释，也不太关注世事的变迁，只是顺其自然地自我存在，隐匿着士人的高洁之气。古时朱熹有咏武夷茶诗曰：谷寒蜂蝶未全来，这一语成谶般地描绘了当代武夷岩茶之状。

铁 观 音

就某种具体的茶叶来看，铁观音不愧是当今中国大陆市场份额之冠。品茶选择铁观音，几乎成为目前中国民间茶事之主流倾向。抛开政策、市场等这些茶叶本体之外的因素不论，铁观音之所以童叟皆爱雅俗共赏，在地域、年龄和社会阶层等方面能拥有比其他茶叶更宽泛的品饮群体，极大的缘由在于铁观音作为部分发酵茶的一种阔度。

具体说来，铁观音介于绿茶和红茶、普洱之间，它因此既有不发酵茶的香味，又有完全发酵茶的醇度；并且其茶青的成熟程度和其制作中的发酵程度可以适时调整，其焙火与否及焙火度的选择亦是多样。就目前看来，近几年市场上铁观音的发酵度和焙火度均保持在一种低于以前的水平，也不再流行"绿叶红镶边"这种过时的做法。

铁观音的干茶与茶汤

当然，在当今中国这样一个风云变幻的市场中，复古之风随时都可能会卷土重来。

和绝大多数乌龙茶一样，铁观音是选择成熟的鲜叶作为茶青，因此与绿茶所选之芽或嫩叶尚未完全展开之状态不同，其所采之叶如清晨醒来的佳人般已然舒展开面容，故而称为开面采，制作出的干茶颜色褐绿。采青时一般也只采叶子舍弃叶梗，无需同绿茶一样追求枝叶连理的效果；在揉捻时，则会采用包布揉做出半球或稍加松散的形状。

冲泡铁观音时选择瓷器或紫砂，盖碗或壶皆宜，取决于茶叶的嫩度及泡茶者欲表现的感觉和风格；水温应当不低于90℃，因其发酵和焙火均低于岩茶，故而水温也比岩茶略低；茶量标准以干茶被冲泡后能完全舒展开为宜——若干茶过多而致叶底淤堵不能完全展开，茶汤则会有闷塞不畅的味道。需要注意的是，同为乌龙茶，岩茶的外形呈条状而相对蓬松，铁观音则近似球状而相对紧结，因此在置茶时岩茶和铁观音的体量在视觉上完全不同，等量的岩茶占有更大的体积。

铁观音产于福建安溪，同其他茶叶产地一样，安溪也是处在山岚高峰、清水霞霭之中。如提到瓷器必推景德镇，谈及紫砂当冠之宜兴一般，铁观音基本上成为了安溪的代名词。而和其他茶叶有所不同的是，铁观音这个名字不止包含了单一的因素。龙井茶产于龙井，大红袍有着历史典故的流传，竹叶青得名于其茶叶本身的形与韵……

茶名	外形	茶量	水温	冲泡时间				
				第一泡	第二泡	第三泡	第四泡	第五泡
大红袍	条索状	1/3壶+	95℃	40秒	20秒	40秒	90秒	3分
铁观音	球状	1/4壶+	90℃	60秒	30秒	50秒	2分	4分

铁观音则更多是来源于其茶树品种的名称，而兼具相应的典故。相传亦是喜茶好文的乾隆在品饮了铁观音之后，因喜其沉实色厚如铁、形美味香似观音，故御赐该名。

观音一词滥觞自佛教语汇，现在观音已世俗化为一位慈悲美好的女性形象。就本溯源观音形象最初是位男子，而"铁"字置前更是增添了其男性色彩。事实上，铁观音的味道正是如同而立之年的男性，他举止成熟且在江湖世事中有所混迹；他有一些城府而让人一时难以捉摸透彻，需要时间去慢慢品味。由于铁观音的岁月感正似渐入得志之年，仕途中人也常认为其有一种深沉的官韵。

铁观音连年居中国茶叶市场占有率之冠，是我们在茶席上最频繁喝到的茶叶之一

71

盖碗表现发酵度偏轻铁观音之
清新偏胜于紫砂壶

冻顶乌龙

　　台湾地区是中国茶区中的又一块重地，以产制乌龙茶为主。在台湾以外的中国地区，台湾乌龙的市场状况尚无法与福建乌龙比拼天下，但其在大陆地区的渗透力呈现出一种逐年强势的趋向。并不为大多数人所觉察的是，台湾乌龙的渗透力不仅仅体现在其在大陆市场份额渐长和为越来越多的非台湾地区的品饮人群所接受，它还成为大陆乌龙之效仿对象。近年来大陆铁观音之发酵度远低于传统做法，更加重视其香味。这样的现象表面看来是流行风潮，而追究起来则主要是受到两个方面的影响，一是绿茶更健康之主张，另一个更为隐形和深层的缘由则在于台湾乌龙，因为轻发酵和重视香味正是台湾乌龙的独

冻顶乌龙的干茶与茶汤

云雾罩顶的冻顶山

74

创性做法。无论如何，随着两岸文化的逐年沟通共融，相信中国的乌龙茶有望结束铁观音独霸天下的局面而替代以更多元的价值取向。

当代台湾产茶区众多，而所产之茶更是名目纷繁。然稍作追溯，我们可以将台湾的乌龙茶整理为两大类，一是台湾名副其实的本地茶，白毫乌龙；二是历史上从福建地区引种之茶，以冻顶乌龙和文山包种为代表。上文所提及的台湾乌龙重视轻发酵和香味，正是第二类即冻顶和文山之特性。

冻顶乌龙的得名源于其产地冻顶山，而冻顶之名并非是因为此山寒冷冻头顶，而是台语中绷紧脚尖的意思。要绷紧脚尖才能踩稳崎岖湿滑的山路，这是因为此间终年湿润多雨所致，这也正是冻顶乌龙得天独厚的自然地理条件。

引种于大陆的冻顶乌龙，其产制状况在各方面都与大陆地区的铁观音不无相似，它们干茶的外形也较为相像，介于半球状与球状之间。传统做法中冻顶茶发酵度轻于铁观音，加之茶坯的差异，冻顶乌龙比铁观音少了一点世故，多了一点清新，少了一点城府，多了一点直率，就是那一抹刚中带柔的飘逸。正如同文艺复兴时期的巨匠米开朗琪罗显张怒发的天才背后的那丝不为人知的温柔，米氏固执地认为其禀赋是拜故乡翡冷翠"飘逸的空气"所赐，他的天才总是淡淡地连带着对世俗的不屑和轻蔑，悲哀而清明。冻顶的气质，也在于成熟内敛里亦然隐藏着不卑不亢的飘逸，沉稳却并不沉闷。

冬季和春季所采制的冻顶，可溶物最多因而滋味最为醇厚；秋天所采制的冻顶乌龙，会常常被认为味薄而不够回味。尽管冻顶的秋茶没有春茶醇厚，却尤其多了如同中国水墨画意境般不可着意所得的香味；稍显单薄削瘦，却多了几条可见棱角的倔强。冻顶从春茶到秋茶，仿佛是蓄然地经历了从恋爱到别离的思念，不着痕迹。

较轻发酵的台湾乌龙之茶席中可强调其飘逸率爽之气

76

茶名	包种清茶	冻顶乌龙	白豪乌龙
外形	条索状	球状	条索状
揉捻	轻	中重	轻
发酵	轻	轻中	重
茶量	1/2 壶	1/4 壶 +	1/2 壶
水温	90℃	90℃	85℃
冲泡时间 第一泡	55 秒	60 秒	50 秒
第二泡	25 秒	30 秒	25 秒
第三泡	45 秒	50 秒	40 秒
第四泡	80 秒	90 秒	90 秒
第五泡	150 秒	180 秒	120 秒

用紫砂小壶泡冻顶，该是最能深得其韵。用薄胎的盖碗去泡，是深韵其味后去放大其轻灵，仿佛触及一个深交老友的性格里那点不为言表的羞涩。而即便是在办公室里潦草地用青花同心杯泡饮，来得简单方便，也符合冻顶的气质。

文山包种也被称为包种清茶，它常被当做冻顶乌龙的姊妹茶。文山包种产于台湾文山等地区，而至于"包种"之得名，据说是由于在密封技术不及现代的清朝，此茶用双层毛边纸内外双层精叠，以保茶香，而这种包装方式则被称为包种。

文山包种之茶形与冻顶大相径庭，由于其揉捻极轻，制成后的干茶呈条索状而自然卷曲。而包种大概也是乌龙茶中最重视清香的茶叶了，其所采茶青之嫩度高于冻顶，发酵度也比冻顶略低，故而在冲泡包种清茶时，水温可略低于冻顶乌龙。同在台湾地区，白毫乌龙的发酵重在乌龙茶里最接近红茶，包种清茶的发酵轻在乌龙茶里最接近于绿茶。因此包种清茶的年龄感正是介于青涩与成熟之间，最得半熟而未熟的味道。它初试人事，朝气蓬勃般香气轻扬，如同少女翻飞的裙角或是少年在风中的衣袂，让你想接近却又不忍心沾染它。

白毫乌龙

　　称白毫乌龙为茶中奇品丝毫不为过，即便在全世界范围内，这种茶也仅仅有可能在台湾地区产制。它可能也是拥有最多名号的茶叶，除了白毫乌龙外，它还被称作东方美人、香槟美人、三色或五色茶、着延茶、膨风茶等，以至于我们尽可以从这些不同的称谓来了解白毫乌龙的独特之处。

　　白毫乌龙的名字就已开门见山地道出了该茶的最大特点。如在前面章节中所讲述，一般而言白毫越多的茶叶则品质和价格越高，因为白毫是芽茶嫩度的一个表现，茶青芽叶的嫩度越高，则白毫越多。不同于绿茶和红茶，乌龙茶则没有这个品评标准，因为乌龙茶之茶青均是采制成熟的叶片，不会产生白毫显现的现象。可见，白毫乌龙是乌

白毫乌龙的干茶与茶汤

茶叶称谓	命名角度
白毫乌龙	茶青、发酵
三色茶／五色茶	干茶颜色
东方美人	茶汤风味
香槟美人	茶汤再调制
着延茶	生长特性
膨风茶	品质、价格

龙茶中一枚特立独行者，它是唯一一种采用芽茶作为茶青的乌龙茶。喝遍天下绿茶，你所尝试的是没有发酵的芽茶的味道；喝遍所有乌龙茶，所尝试的均是发酵叶茶的味道；而红茶的味道则是芽茶发酵尽致的结果。只有白毫乌龙，能让你一品将芽茶发酵，而发酵未尽的无二滋味。

白毫乌龙是一种重萎凋重发酵的茶叶，因此比起其他茶叶来，它和重萎凋全发酵的红茶相对更加接近。我们从茶叶冲泡之后叶底的含水程度可以大致判断干茶的萎凋程度，一般而言，萎凋程度的轻重是和发酵程度相一致的。因为白毫乌龙的茶青为芽茶而又重发酵，故而在冲泡时水温也是介于绿茶与乌龙之间。

白毫乌龙之干茶呈条状，自然卷曲，其芽心满挂白毫，第二叶偏红，第三叶偏黄，因此又被称作三色茶。也有人称其干茶可辨出白、绿、红、黄、褐五色，故而也谓之五色茶。不论三色还是五色，都是从其干茶的颜色加以定义。在绿茶中谈及龙井时，之所以有莲心、旗枪及雀舌之分野，在于芽叶的外形特点；而白毫乌龙在经过发酵之后，其芽叶则发生了色彩上的变化。

萎凋	发酵	茶叶
轻	轻	文山包种
中	中	岩茶
	重	白毫乌龙
重		
	全	红茶

　　绿茶讲究在清明或者谷雨之前抢春采制，乌龙茶一般在春、秋或冬采制均可，而白毫乌龙则是在端午前后即夏季时节采制，这其中的原因颇有趣味。因为上好的白毫乌龙其新叶在成长中需要经过一种叫小绿叶蝉的虫子叮咬，而虫蝉当然是发生在夏天，也只有这种被小绿叶蝉叮咬过的茶青，在制成之后才会有专属于白毫乌龙的那一种味道。这也就是为什么我们说全世界仅台湾一处可产此茶，因为即便引种茶树可行，相似的地理风水环境也许也可寻到用作栽种此茶树，但这种特殊的蝉虫，恐怕就不那么容易引种了。着延茶的称谓正是由此而来，因为"着延"在台语中正是蔓延及虫害的意思。白毫乌龙着延程度越高，冲泡之后的叶底就会越硬，同时叶底也会越小，因为被蝉虫叮咬后嫩芽几乎不再生长。大自然就是如此神奇，生命之间的关系是互相依存而并没有绝对意义上的利害之别；本是虫灾之害，却成就了白毫乌龙的不二风味。佛家说烦恼即菩提，任何弊害都是你的智慧和欢欣种子，它们能不能发芽，全在于你如何对待它们。

　　"膨风"就是吹牛，夸海口之意。白毫乌龙因为品质高而价格攀上，因此在旧时喝白毫乌龙会被斥责为排场作势，有吹牛之嫌，这正是膨风茶得名之由来。这和只采一芽的龙井被当地百姓鄙其功利之用称为马屁茶有异曲同工之处。你看，虽在唐宋时期茶叶还仅仅是文人雅士的贵族爱好，但在千年来文化的流传中已深嵌入寻常百姓的生活，茶叶如若因为价格等因素脱离寻常生活，便会遭到大家的不齿与讽刺。

东方美人的名称是白毫乌龙最具传奇色彩的故事，相传英国女王品尝了白毫乌龙之后，大赞其形美丽其味香甜，非"东方美人"不能形容之。于是乎，东方美人这个名词成为白毫乌龙最常用的名字，也是由于这个称呼，人们常常将白毫乌龙的形象比作娇艳的女性。然而，如同一百位读者眼中会有一百个哈姆雷特，不同的人对于同一种茶叶全然可以做不同的解读，我们当然也可以从自身文化的角度去理解它。白毫乌龙深沉的发酵度使得再香甜的味道也掩盖不住其中的男子特质，在其他茶叶中没有与它相似相比的对象，它如同《红楼梦》中的贾宝玉，一个流连在脂粉中的男子，世间唯一无瑕美玉。

香槟美人的得名一方面是因为白毫乌龙的茶汤有些许香槟的味道；而更具可操作性的缘由是，西方人喜欢在白毫乌龙的茶汤中滴入一滴香槟酒，以酒调茶体验其别具一格的风味。当然，在尽量不破坏茶汤营养的同时，茶汤的品饮完全可以根据个人习惯加以再调制。我们既可以追求单纯的茶汤之美，也可以在不同的环境里配合不同的心情拥获再行调制茶汤的趣味。

东方美人的茶席可入更多的色彩感

之四　红茶

红茶在英文里被称为「黑茶」，这从某种角度反映了茶道文化在中西方的差异。汉语里的红茶是对茶汤颜色的描绘，而惯于将茶汤再行调制的西方世界则选择了红茶相对稳定的干茶颜色来定义其称谓。

就全球范围看来，红茶的产制和饮用量冠于所有茶类之首，换言之它是最为世人所接受的茶类，当然这个结论的得出是因为我们将西方世界的品饮者一并统计在内。在西方及西式化的国家里，人们所消费的茶类主要是红茶，而在中国及日本地区，长期以来不发酵茶及轻度发酵茶占据了市场消费的主流。就产制地而言，除中国之外，印度、斯里兰卡等国家也是世界上非常重要的红茶产地，其中中国对于红茶的种植无疑最早，甚至于外国的一些知名产地的红茶树种如印度大吉岭均是引种于中国。

红茶在英文里被称为"黑茶"，这从特定的角度反映了茶道文化在中西方的差异。中国传统的饮茶法纵然经历了唐煮、宋点和明泡的转变，但始终不变的是以茶汤为核心，因此同前文里的绿茶和青茶（乌龙茶）一样，汉语里的红茶是对茶汤颜色的描绘，而黑茶则是另有其茶，黑之形容同样着眼于茶汤之色，黑茶将在后文中讲述。在西方世界，红茶所冲泡出来的茶汤多是经由各种花样的调制后再行饮用，不同方法调制后茶汤颜色各异，如加奶则由红往白色过渡；因此西方人选择了相对稳定的干茶颜色定义其称谓，即最接近红茶干茶颜色的黑色。对中西方命名红茶的差异，市坊间流行的观点是因为红茶在中国刚被创制时称作"乌茶"故而西方人作此翻译；笔者虽并未考证过此种说法是否成立，

红茶是日常生活中最多地进行再调制的茶类，各种花果均可尝试入味其中

云南的红梯田正是滇红的色彩感

但这样的解释未免有浮于表面之嫌。在此同时需要一并提及的是，与中国茶道核心于茶汤不同，茶类精简的日本则是以泡茶行为作为茶道的核心，这也是为何日本茶道流派诸多而中国却无此现象之原因。

红茶无论是干茶还是茶汤的颜色，均是由于其全发酵之故。因此红茶在制作中的发酵工序是在其先行揉捻成形之后，因为已然完全发酵，故而无需再行杀青以停止发酵。红茶亦是选择芽茶作为采青的原料，因此高品质的红茶有着同碧螺春的白毫一致的金毫，显示了其高嫩度，当然毫色由白转金也是由于发酵之故。红茶完全发酵的特性还使得我们在冲泡时所用的水温可以达到 90℃ 以上甚至沸腾。就冲泡器具而言，尽管西方人大多用高密度的瓷器冲泡和饮用红茶，但对于传统的非切碎的中国红茶而言，用如紫砂这样较低密度的材质更适合表现其成熟的韵味。

目前中国市面上的红茶一般被分为工夫红茶、小种红茶和红碎茶。工夫红茶如滇红、祁门红茶，而小种红茶的代表是正山小种。这样的分类只是让公众对红茶的认识更加具体化，而并不能明晰地说明不同红茶的特性。所谓工夫红茶，顾名思义即言此类红茶的制作颇费工夫，但其实所有优良的红茶及其他茶类的制作当然是一件费工夫的事，比如正山小种，其最大的特点即是在其他红茶具有的工艺之外还熏入了松枝的烟香因而与众不同。至于红碎茶，则是西方最流行的形式，即在制作中加入了一道切碎的工序，它也是唯一一种不影响冲泡品质而适合制作袋泡茶的茶类。

非切碎的红茶一般都揉捻成条索状的外形。红茶的树种丰富且分布广泛，在中国的地理范围内由南向北，呈现出从滇红的大叶种，到正山小种的中叶种，再至祁门红茶的小叶种的状态。在实际的泡茶操作中，笔者私认为大叶种的红茶更适合再行调制成其他味道，比如滇红和印度阿萨姆红茶。

87

祁红与滇红

　　与其他大多数茶叶产地相似，祁门红茶的产地祁门在云山雾绕之处，茶园红黄土壤中所含的养分滋养着红茶树种。祁门产茶的历史可经由史料追溯至唐朝，但其间所产为绿茶而非红茶，祁红的历史开启于清光绪年间并流传至今。祁门红茶早在 1915 年的巴拿马万国博览会上就荣获金奖，也屡次在外交上作为国礼馈赠与外国元首。祁红可谓中国最为世界所知晓的红茶品种之一。

　　和祁红一样，产自云南的滇红也是以产地作为茶叶名。大叶种的滇红和小叶种的祁红除了产地及由茶树品种所决定的茶叶特性和香型的区别外，其制作工序及冲泡品饮方式都比较接近。红茶的茶青和绿茶一样，均多选择一芽一叶或一芽二叶，嫩度越高品质则越高。

滇红的干茶与茶汤

由于树种的原因，肥大鲜嫩的滇红之茶青在制作成茶后金毫较之祁红更为明显。

有趣的是，大多数红茶的原料亦在同时被制作绿茶，譬如历史上祁红的前身为绿茶，而和滇红相对应的滇绿也在较小的范围内制作和品饮。从某种意义上而言，绿茶和红茶的区别仅仅在于是否经过了发酵，就如同一块璞玉，我们既可以在开采后不加雕饰便奉于案上，欣赏其自然原初之美，亦可以施以雕琢赋予其人力设计之精美。但是并非所有的璞玉都能在修饰之后光华重现，有的只是画蛇添足。近年来在中国高速发展的社会环境下，普通大众求新求变之心愈盛，因此很多绿茶甚至乌龙茶产地都尝试以同一树种来制作红茶。然而不同的树种都有最适合制作的茶类，只有充分理解茶青，才能将其塑造至一种最佳的状态。因此，如若遇到创新采制的红茶，不妨以平常心品尝，因为大多数这样的作品都只是昙花一现而已。

祁门红茶的产地一景

正山小种

　　正山小种的叶形介于滇红和祁红之间，它和岩茶一样产自于武夷山地区。正山小种的历史甚至于超过祁门红茶，在同西方的交流史上，正山小种曾出现在英国十九世纪初期浪漫主义诗人拜伦的诗篇《唐璜》之中。这当然都是由于西方世界饮茶的主流习惯，使得历史上的红茶在文化外交上比其他茶类更得美名在外。而我们在生活中常听闻的金骏眉，实际也是如龙井之莲心一样，是仅采芽尖而制的正山小种。

　　世人之所以将以正山小种为代表的小种红茶从红茶之种类中另起一行，并不主要是因为其产地和树种的原因，正山小种通过松枝熏

正山小种的干茶与茶汤

制而具有的特殊香味成就了其美名。这样的松枝熏制工艺有很长的历史传袭，主要运用在茶叶干燥的工序中，此外在萎凋过程中也时常通过松枝熏制加以辅助。松香工序的加入正是利用了茶叶的强吸附力，而松枝青翠隽永的气息也正和武夷山的小种红茶相得益彰。当然，为了适应更多人群的口味，正山小种亦有不熏入松枝气味的做法，这样炮制出来的成品一般会被专门注明为无烟正山小种。我们通常认为一杯红茶温暖深厚的感觉正是温柔博大的母爱写照，而正山小种的松香正好典型地刻画了母亲辈的东方女性在穿行厅堂间所展现出的历经岁月洗练后的风韵。

茶名	叶形	外形	茶量	水温	冲泡时间		
					第一泡	第二泡	第三泡
祁门红茶	小叶		1/4 壶 -		25 秒	5 秒	20 秒
正山小种	中叶	条状	1/4 壶	90℃以上	30 秒	5 秒	20 秒
滇红	大叶		1/4 壶 +		45 秒	10 秒	30 秒

　　以上谈论的红茶均是采用揉捻成条索状的传统制作方式，事实上为了适应国际市场，包括正山小种在内的大多数红茶都有着切碎的做法，当然碎形红茶的冲泡方式则需另当别论。按照西方人的习惯和茶叶细碎的状态，碎红茶的品饮一般是一次性的，以最常见的两克装的红茶茶包为例，将该茶包浸泡在 130 毫升的沸水中十分钟左右即可得到一杯充分溶解的茶汤。当然，碎形红茶的茶包形式确实方便于快节奏生活中的携带和冲泡，但茶叶的韵味变化及审美体验始终无法和传统的泡饮方式相媲美。如欲充分感受中国茶叶及每种茶汤独有的微妙内涵，得当的冲泡方式、茶具材质的选择，甚至于泡茶环境

的营造，都需要举足轻重地成其为一次哪怕短暂的艺术体验。毕竟，即便生活奔碌，其间每一次匆忙的茶叶冲泡品饮其实和一场精心筹备的茶会无异，都是一期一会的转瞬即逝，不复重来。

松枝熏制所入之味是正山小种的独有辨识

之五 普洱茶

作为后发酵茶，普洱的品性多与禅道、出世、虚静、参悟等相关联，偏好普洱的人多为年纪较长或心智稳熟的族群。普洱的真意似乎代表了你在亲情、友情和爱情之外的另一种情感。

在该书前面的白茶章节中已经对比讲述了普洱的诸多习性，在此处专门讲述普洱之前，有关黑茶这个名词需要稍作说明。比起绿茶、乌龙和红茶等茶类的名称，黑茶这个概念并不为大众熟知，大众更常提及的是黑茶里一枝独秀的普洱茶。事实上，黑茶是与前述的茶类名词相并行的后发酵茶的总称。所谓后发酵茶，是指在茶叶已制成成品后才慢慢地开始发酵，也就是说发酵的程序是在杀青之后方才进行的。换言之，杀青与发酵的先后顺序是黑茶与乌龙等前发酵茶的本质区别。这也便延伸出另外一个事实，即黑茶和白茶一样，在制作完成

普洱的干茶与茶汤

之后，它的状态、口感和价值都随着时间的推移和后发酵的进行而不断变化，这便是其颇具魅力之处。黑茶的后发酵过程主要得益于茶青附着的诸种微生菌的转化过程，此外茶叶本身的酶促作用也有一定帮助；关于黑茶后发酵的具体原理和逻辑可以参阅前文白茶章节中的详细解释。黑茶的历史亦可回溯至唐宋，除了其佼佼者普洱茶之外，还包括湖南的安化黑茶、四川的边销茶（主要是销往藏区），以及湖北、广西一带的黑茶。

普洱茶因产自于云南的普洱地区而得名，概括而言，它是以云南地区大叶种的晒青毛茶为原料的后发酵茶，它的形态既有散茶，也有通过紧压制成的茶饼、各式大小的砖茶、沱茶等，总的看来其成品形态是以通过紧压制成的茶饼居多。普洱茶饼多以七两（约350克）为重，每七饼为一提，这样规格的包装被普遍认为是沿袭历史习俗，取"七七四十九"这个数字的吉祥之意。中国的云南地区被主流学术界认为是世界茶树的原产地，而传统上普洱茶的产地则是云南的六大茶山。这六座茶山占据了中国近一半的树龄在一百年以上的古茶树资源；采青于这些古茶树所制的普洱实在是茶中珍品。但这三十来株的古茶树并不可能为绝大多数的普洱茶提供原料，如若我们有缘得以品尝到，那自然是珍贵的体验；然而素日里并无必要一味追求古茶树，毕竟在茶叶既定的情况下，一杯普洱茶汤的味道全然在于你的冲泡态度和内在感受。

关于普洱茶的分类，我们常常会听到"生茶"和"熟茶"，那么何谓生茶熟茶，生茶与熟茶又是以什么为区别呢？事实上，关于这两个概念的形成相当地晚近，不过是在20世纪70年代伴随着普洱茶渥堆技术的发明运用之后才逐渐流行开来的，在前文讲述黄茶时已对比焖黄工艺述及的渥堆技术。简单地说，传统的普洱工艺所制作的普洱茶正是生茶，需要放置积藏，让其在空气中慢慢陈化发酵，方得普洱茶之韵味，从这个意义上讲来，我们用陈放普洱来定义生茶更为贴切。同样地，熟茶则可被定义为渥堆普洱，它是经过了人工渥堆这项使茶叶快速发酵的工艺，使生茶青绿的色泽变为黑褐，使其冲泡出来的茶汤口感尽量去接近生茶陈放了数年后的效果。然而，这些概念都是相对的，譬如生茶陈放了数年后是不是该称为熟茶更为贴切，又譬如积藏多年的渥堆普洱算不算陈放普洱。

诚然，渥堆普洱的茶汤滋味无法和数年的陈放普洱相提并论，但是渥堆普洱确是大众饮用的最主要的选择。我们可以从两个方面解释这个问题，一是数年的陈放普洱数量少而成本高，价格因此不断攀升，且一般的消费者难以将真正的陈放普洱从大量作伪充数的渥堆普洱中区分出来。二是渥堆普洱不仅价格相对适宜，且在渥堆得当的情况下其茶汤滋味亦是姣好，而尤为重要的是和生茶可以陈放一样，渥堆普洱亦有积藏陈放的空间。一般来说，生茶并不制作成散茶的形式，因为茶饼或沱茶等紧压成形的方式更方便将其存积在一定空间内进行陈放。

一般认为普洱茶愈陈愈香，但是由于这个时间段的漫长，其变化规律目前尚无成熟系统的科学数据的追踪，譬如普洱茶的黄金存放时间是数十年还是数百年，而这数年里普洱茶的变化又会是呈怎样的趋势变动。显然，这样的数据追踪并不是一两代人所能完成的课题。尽管如此，我们目前依然有一些可以达成共识的经验性数据以供参考，比如熟茶积藏接近十年才能冠以陈旧普洱的美名，而生茶可能则需要积藏十五年以上。正是因为漫长的岁月感，普洱比起其他茶类来更像是可以在时光流逝中伴随你共同成长的知己。笔者常会赠送新婚燕尔的朋友一枚其年的普洱新饼，请他们在每一个结婚纪念日都掰下一些自行冲泡品饮，年年岁岁花相似，而岁岁年年人与茶皆不同。

紫砂或陶等深沉材质是冲泡普洱茶的不二选择

普洱茶除了存放的时间之外，存放的环境也至关重要。如若存放的环境不当，年头再久也是枉然，甚至反而破坏茶的滋味。普洱的积藏首先要把握的原则即是放在一个洁净通风且无异味的环境中，可以想象，有着强吸附力的普洱如若在一个有异味的环境存放几十年会是何等不堪。当然，也可以利用普洱的这种特性让其吸收相匹配的气味，比如市场上有一些将柚子皮包裹普洱的存放方式，一方面柚子皮本身也具有较强的吸附性，能够在一定程度上阻挡异味被普洱吸收，另一方面柚子皮所特有的青涩香苦的清新味道和普洱也相匹配，这样陈放过的普洱别有一番滋味。其次，普洱存放环境的温度和干湿度也至关重要，目前在普洱茶界内关于干仓存放和湿仓存放孰优孰劣的争论从未停止且在未来短期内也不会得到一个明确的结果。关于干湿仓之争，笔者的个人意见是，其一，并无绝对意义上的干仓，因为如若没有一定湿度，普洱的后发酵便缺少进行的条件；其二，过度的湿仓虽然能显著加快普洱后发酵的进程，但同时也使得普洱容易发霉感染杂菌，如此存放之后的普洱品饮起来霉味明显。虽然亦有人专门追求这种湿仓霉味，即便我们对这样的味觉审美不置可否，但需要意识到这样急功近利地湿仓过度之后的普洱，饮用起来是不是存在一些安全健康的问题。

我们费了一大番笔墨在讲述关于普洱茶的保存问题之种种，因为作为在制作完成后的保存过程中才开始后发酵的茶，普洱茶的保存方法与其茶汤的关系确实比其他茶类来得更为紧密。事实上，普洱茶虽然是中国各种茶类中最不简单的那一个，但其冲泡的方法并不比其他茶类复杂。其一，对于新产的生茶，其各方面的属性和绿茶最为相似，因此散茶的用量、水温和冲泡时间均可参考大叶种的绿茶。而对于紧压成饼或沱的生茶，视其紧压的程度而在每一道增加冲泡时间，紧压度越高则冲泡时间相对越长。其二，对于渥堆过后的熟茶，其茶的用量、水温和冲泡时间均可以红茶为基准，在其基础上水温略高、用量略少，而每一道冲泡时间则略短。对于紧压后的熟茶，亦视其紧压的程度而在每一道增加冲泡时间即可。其三，对于陈放了一定年限的生茶，则应当根据经验视其具体情况，在冲泡的各枚指数上选取介于生茶与熟茶之间的某个点值。

茶类	新制生茶	新制熟茶	
外形	块状	条形散茶	块状
茶量	1/4 壶 -	1/4 壶	1/4 壶 -
水温	80℃	90℃以上	90℃以上
冲泡时间 第一泡	60 秒	25 秒	25 秒
第二泡	10 秒	即冲即倒	5 秒
第三泡	5 秒	5 秒	即冲即倒
第四泡	15 秒	30 秒	25 秒
第五泡	35 秒	70 秒	50 秒

　　普洱的保健功效特别是减肥作用近年来尤受追捧，事实上所有的茶类在健康方面都有其独特的裨益，而普洱确实是在某些方面有着更显著的功效。普洱作为后发酵的茶类，其寒性已然降到最低，因此普洱茶汤对肠胃及整个身体的刺激达到了最温和的程度。中国高原地区以肉食为主的民族常年饮用黑茶和普洱以去油脂，确是因为普洱的减肥减肪效果远大于其他茶类。另外普洱在抗癌和缓解各种心血管疾病方面效果也较为显著。用普洱养生，也可按个人爱好加入菊花、玫瑰、枸杞、蜂蜜等调制成不同的味道。需要注意的是，尽管普洱含氟量低于绿茶和乌龙，但是高原地区煮饮黑茶的习惯会使得氟更

多地析出，而粗老茶叶的含氟量又高于嫩叶。适度摄取氟能强齿，但过量摄取则会有害于身体系统，因此粗老的黑茶最好不要经常煮饮，毕竟现代的制茶工艺都是以泡饮为出发点。另外，常饮茶的族群可以考虑减少或者不使用含氟牙膏。

普洱的品性多与禅道、出世、虚静、参悟等相关联，虽然其饮用群体愈来愈年轻化，但总体说来偏好普洱茶的人多为年纪较长或心智稳熟的族群；就性别而言，男性较女性更易喜爱普洱茶。其他的茶类均以香气和味道相较高下，而至好的普洱却是大香无香、大味无味，欲赞而词穷。常有人说最完好的人生是拥有三段恋情，如果用茶类相比拟的话，绿茶是懵懂清新的初恋，乌龙则是让你懂得爱与被爱的最淋漓的恋情，而红茶是陪你进入稳定婚姻关系的另一半。至于普洱，似乎代表了之外的第四种情感，更如同每个人都会有的那一位红颜或蓝颜知己，你对它的情愫介乎于亲情、友情与爱情之间。你们的结识并非因为当初它是喧嚣舞池里或元宵花灯下让你怦然心动的那一个，你甚至不能记得与它相遇的具体时间，我不想说它是你悠长时日中最不能或缺的那一个；但随着光阴流转、岁月荏苒，慢慢地它最终成为了最懂你的心情，最能让你释怀，最无关现实名利的那一个。

引入自然的浅淡风致能够衬托普洱的深度

卷下

茶事

法则

在到达茶道的精神空间之前还需要习得泡茶行为中内涵或紧密相关的诸种法则；；但是法则不为约束或桎梏，而是为了尽数掌握之后再打破它以得真正的自由，这才是茶与人之本性。

通过上卷对中国主要茶叶及冲泡方法等内容的讲述后，也许在不少读者的眼中，泡茶行为因此而具体化为一件异常单纯的事，即选择某种材质的茶具，用一定温度的水浸泡一定量的茶叶，再于一定时间后将茶汤进行分离。诚然这正是泡茶行为本身在逻辑上的内容，但它仅仅是在技术操作层面对泡茶的定义。且不论只是在技术层面上的实现已经非常复杂，泡茶者需要准确辨识茶叶，哪怕是一种从未见过的茶叶，也需要根据茶叶的具体状态选择合适的茶具，制定茶量、水温和冲泡时间的计划，并在冲泡过程中根据对每一道的茶汤情况的判断维持或者即时改变下一道的预定计划。如此之外，在泡茶行为中还存在着诸多层面的内容，这些不同层面的内容需要以技术操作为基础，并加之泡茶者在文化内涵和审美取向上的判断才能得以实现。

这是一个人人皆爱论道的时代，茶道思维也因此而泛滥。这种现象乍看之下似乎是茶道的繁荣，实际上有诸多原因。从社会大环境上来讲，是茶文化本身对时代发展速度和社会经济状况的一种自我防卫现象；从外来影响来看，有着部分日本茶道的文化压力，中国茶道试图忽视中日茶道文化的巨大差异而与进行所谓与国际接轨的举动；而从国内看来，这种表象的繁荣却不得不令人担忧到底我们在多大深度上传承和发展了茶文化，其中的推动力又会有几何。

笔者认为，在到达茶道的精神空间之前还先后有着两重屏障，第一重即是上卷所讲述的茶叶本体，第二重则是在泡茶行为中内含或紧密相关的诸种法则，即本章将谈论的内容。在通达这两重屏障之后，我们才有可能去开始接近茶道。需要说明的是，首先，在本章里所涉及的时空、存逝等法则是第二重屏障中相关度最高但并非全部的内容；其次，法则不为约束或桎梏，而是为了尽数掌握之后再打破它以得真正的自由，这才是茶与人之本性。

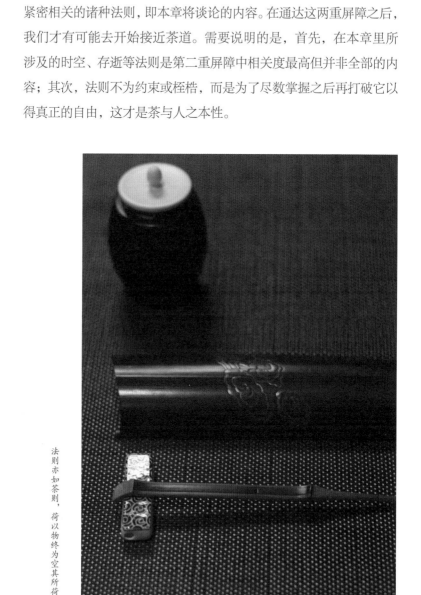

法则亦如茶则，荷以物终为空其所荷

时　间

　　时间这个概念对于泡茶行为而言，至少有着两层基本含义。第一层含义是物理层面上的，即我们一直强调的不同的情况下每道泡茶所需要的不同浸泡时间，或者前后几道茶的累计即某一种茶的冲泡时间，又或者是不同几种茶的累计即一次茶会的时间。第二层含义是接下来需要讲述的内容，是泡茶行为发生时所隐含的在物理时间之外的具有时间感的形式，这些时间形式与茶的属性和艺术心理有关。

将高岸深谷的自然背景纳入茶席空间，其中的时间观因此更具其宏大感

108

　　茶类属性所代表的时间感与其采制时节基本无关，而是与发酵、焙火、揉捻和萎凋等工艺的程度有关系，其中与茶的发酵度最为密切。如果是以一天为一个单位循环而以清晨为起点，或者以四季为一个单位循环以春季为起点，那么随着时间的推移，从起点至终点之间不同时间点所对应的茶性是呈发酵、焙火、揉捻和萎凋逐渐加深的状态。换言之，一天之内，清晨最宜绿茶，中午前后乌龙甚好，从下午到晚上则可依次选择熟火乌龙、红茶和普洱；一年之内，春夏秋冬分别可以饮用绿茶、乌龙、红茶和普洱；在短时间内如一次茶会上需要品饮两种以上的不同茶类的话，那么品饮的顺序应该是按发酵度加深即从绿茶到普洱熟茶这样的顺序；而对于窨花茶来说，茉莉香片适宜清晨或春季，桂花乌龙最解午后困倦或夏日炎炎，以人参入味之茶则可选择在傍晚或秋冬饮用。

　　茶类属性所对应的时间感无疑是饮茶习惯中的经验之谈，但这种习惯性行为是建立在以茶对人体的保健功用及生理系统对茶的反

果实亦可代茶食减少茶醉可能

应的基准之上。比如不常饮茶之人在一次茶会上连续品饮不同茶类的茶汤有可能引起茶醉反应。所谓茶醉，即由于茶汤中的咖啡碱过度刺激中枢神经所引起的一些头晕心悸或瘫软呕吐等现象，而破解之法异常简单，随即吃一些糖果或茶点则立竿见影。爱茶之人大多会觉得边吃茶边食糖果不利于充分感受茶汤的滋味，那么如果在茶会上尽量注意按发酵度从无到有，从轻到重，循序渐进地品茶，则可在最大程度上避免茶醉发生。而在一天之内，我们选择在清晨喝绿茶是因为其不发酵的特性使得其茶汤最能振奋精神，而随着茶叶发酵度的加深，其刺激性逐渐减少，而适合更晚的时间。就四季而言，春天万物生发，绿茶蓬勃葱茂的时间感正与这个季节取得连接，而冬藏之时却更适宜普洱的安静厚重。

以上所讲述的关于茶叶自身属性的时间感潜移默化地成为了我们心理时间感的基础，因此在不同的茶和不同的人之间相应建立起了某种关联。如果为孩子准备茶会，那么绿茶的风格最适宜他们；对于故扮老成的气盛少年，极轻发酵的乌龙茶最能表达他们当前的品味；而焙过火的茶叶如岩茶等应该是为有阅历和沉淀的中年男性所爱；当年轻女性在泡茶的时候也许会有选择窨花茶的倾向；母亲会为我们准备红茶；而爷爷辈的长者则总是守着一壶普洱……

　　以上茶与时间及与人的对应只是为了提供一个普遍化的概念，万不可作为一个程式化的法则，而在实际的泡茶行为中反而应该打破这种规则性的概念。譬如在秋日竹林中举办主题为"有节秋竹竿"的茶会，可以将竹叶青作为一种选择。虽然竹叶青为绿茶，但其似竹之形态，饱含竹韵之味，较之其他绿茶而独有的淡淡寂寥的秋日情调，都非常契合这个主题。又譬如为冬日初雪所设计的茶席，亦可选择用茉莉熏制绿茶而成的碧潭飘雪，单是从这个茶名我们就可以想象晶莹雪花飘洒水面的情景，谁说隆冬的雪花没有一丝春意的芬芳呢。甚至对于同一主题的茶席，我们亦可以从不同的角度进行时间感上的不同解读，譬如对于一个纪念故人的茶会，既可以选择冲泡普洱以示沉重和庄严，亦可以选择发酵居中的乌龙以追忆青春流年，为本来的沉重氛围增添一些空灵和豁达。

　　当我们在茶席中泡茶时，茶叶与水在壶内相遇、茶汤从壶中得以分离再被奉于各个客人的杯盏中，这个过程的重复即由泡茶者所主导的泡茶行为是茶会活动中的时间主线。而泡茶环境的其中变化，比如茶具从静止到动态再归复静止，又如泡茶前的香道仪礼、为茶席主题而设计的插花之存在、饮茶中穿插的古琴弹奏等，这些不同的时间线条都仿佛协奏般地依附着泡茶行为这条时间主线而存在。而正是在泡茶者和饮茶者的审美判断里，物理时间和心理时间的交错汇合，

用老门板架起的茶席也直接参与了时间维度的架构

才使得这束主从有度的时间线得以真正流动起来。

　　无论是作为主客哪一方，参与一次茶会从开始直到结束，当这一次茶会成为过去不复存在的时候，恐怕在时间性上最大的观感会升华到一期一会，即一辈子不会再有第二次。因为下一次的茶会，又将是另起一行的崭新无二的聚合了。这样的时间观貌似相近于古希腊哲学家赫拉克利特的箴言"人一生不可能两次踏足于同一河流"。比起赫氏的哲学思辨意味，一期一会的理念更重视经由茶会这一独立形式所传递的人一生仅有一次的体验，人与人、人与物在那个时空里仅有一次的相聚，这便是通过茶事对东方文化里难以捉摸、时时生时时灭的所谓缘分的诠释方式。而同样重要的是，一期一会的认知本身并不教化行为主体应当因为短暂而珍惜或倾注满怀，或是因为无常而淡泊或放手豁达，它只是将生命时遇中的本质问题抽离出来，并还原给经历主体选择如何应对以获得不同体验的自由。

112

空 间

　　泡茶行为中的空间性因素比时间属性更容易让人理解，毕竟无论茶汤的冲泡还是茶会的进行都是在一定的三维空间中进行的。这个空间小到置入干茶注入沸水的壶内乾坤，大到泡茶时我们存在其中的广袤宇宙，都与我们泡茶行为发生关系并生成意义。

　　在泡茶中最重要的空间即是茶席，茶席是指我们在泡茶时以泡茶行为的必需品为主要构成内容而发生动作的一定空间。所谓必需品，即是指泡茶用具，如炉壶盅杯等。而必需品之外，则有功能意义上的非必需品，如一些视觉意义构成物，但却是对于整个茶席主题表

于更快地降低茶汤温度

水面亦可成为茶席空间，可用

113

现的完整性而言是不可或缺的部分。平常生活中一个典型的茶席也许就是我们起居室一角的茶几，铺有一块垫布，其上安置着几枚茶具和一些茶点，也许还随之摆放有一些工艺品摆件，一个插花或盆景，而背景的墙壁上则有一幅工笔画或书法的挂轴……如此一讲，似乎大家都能将一个茶席理解为一次设计和创作的结果，当然前提是满足泡茶的功能性要求并服务于此番茶席的主题。

因此主题是一个茶席提要钩玄之所在，围绕这个主题我们选择适合的冲泡茶叶并构思设计，另外，我们也常常因为一种茶叶而专门为其设计主题和构思茶席。如果我们打破茶席空间内的功能型元素和装饰型元素的界限——功能型元素和装饰型元素本来也并没有截然的界限，比如茶具在作为冲泡器物的同时我们必然也是精心选择了其造型、色彩和材质等来装饰匹配于这个茶席——可以将组成茶席的各种元素打破并归纳为：触视听嗅味五感、固液气形态、材质、色彩、造型、是否为生命物、是否为易逝物。譬如茶席上的茶杯，为固体、传统鸡缸造型、上色斗彩、陶瓷质、触感滑润；譬如茶席上的茶点，为固体、莲叶造型、浅青色、糯米食材、手感黏粘、味觉甜软、备

在书桌上或电脑旁亦可规划出一个简单的茶席空间

食易逝物；譬如插花为有生命物、易逝物；譬如焚香为嗅觉、气体、易逝物；譬如席间古琴弹奏为听觉、无形态、易逝物……当然我们通过这样的思路去解析或者构建一个茶席无疑太过技术化甚至肤浅，这里仅是为读者提供一个管窥蠡测之法以方便快速理解。

这个思路的提供可能会使读者造成一个错觉，即茶席应该是一个各种元素层次丰满的结构，而实际上茶席中元素的增减全然在于一个度，有时候我们也会追求极简主义的茶席设计。如果今日的茶席主题是为一款收藏了几十年的陈放普洱而设计，那么笔者的设计方案是，男性冲泡者着灰色极简衣衫，无任何修饰；铺灰色无花纹粗布为桌垫；茶具尽可能精简，材质为深灰陶器或紫砂；墙壁上挂一隶书体字轴"至味无味"；无花无香

最简单的茶席空间可以就是一杯茶汤甚至清水

中国旧式的茶馆长久以来都是人们聚合饮茶的好去处

无琴，亦无其他修饰物；茶会前约定席间不语。只有在这一个貌似单调无味的泡茶空间里，品饮者才能将全部注意力集中在对这一款珍贵普洱的茶汤的品饮上。事实上这一个看似枯燥的茶席有其独有的迷人风格，首先就颜色来看，衣衫、桌布、茶具、茶汤和字轴各种不同层次的灰色可以建构一种微妙的律动；其次就材质来看，男性、粗布和陶器都和普洱的性态契合；最后因为茶席统一的灰色调在最大程度上弱化了视觉，而听觉仅有衣衫摩擦、茶具挪移、茶汤流动的自然生灭的当下之声，故而茶汤的味觉能被突出于各种观感之中而占有主导地位。

在最常见的情况下，我们是将茶席布置在室内空间，而这个室内空间往往也是专用的茶室。我们也经常在室外举办茶会布置茶席，在山间水间的自然环境中，或者是在师法自然的人造山水即园林中。此外，中国人还有着常常去一些商业性场所如茶馆茶舍饮茶的习惯。

专门的茶室和茶道园林即茶庭在日本最为常见，日本有着关于茶室和茶庭文化的历史传统。而在中国，一般而言并不专门修筑茶室和茶庭，这并不意味着中国比较轻视泡茶空间，相反中国传统文化所折射出来的对于泡茶空间的意识是一种更大的追求。在没有固定茶室的情况下，茶席在建筑空间内更具有可移动性，茶席根据人的需要而挪移。在尊卑分明的古代，主人府上仆婢的泡茶行为和客人的饮茶行为也因此分隔在不同的空间中进行。中国传统的园林景观，无论南方的私家园林还是京城的皇家园林，皆是主张虽由人造宛若天开，追求人造山水成为大自然中的山川水系等景观的复制或微化之效果，造园的核心意义还是在于取得人的生活与自然的连接。故而古典园林也并非是专门为了饮茶而造，它同样也是其他一些文化活动和日常生活的场所所在。尽管园林无疑还是举行茶会的一个最重要的场所，但对于古代的茶人而言，进入到自然界真正的大山大水中铺席泡茶，方得真意。关于这样的心理倾向在中国与茶有关的古画中可以看出来。

中国的茶馆历史悠久，它和西方社会的咖啡馆在文化意味上有类似之处，但其中一个较大的差异在于西方的咖啡馆更倾向于是消费者个人行为的场所，消费者之间没有更多的即时的关联。而中国传统的茶馆则更具有某种民间聚合性，端茶递水的吆喝和呼朋唤友的招呼将分散的茶客们联系成一个整体，而且茶馆往往也是曲艺表演的场所，茶客们更是因为一同观看曲艺而能达到共情共鸣的状态。在当代中国，茶馆传统的聚合习惯已在慢慢消减，除了一些提供表演是其主要经营业务之一的茶馆外，大多数的茶馆更重视消费者几人而群的私人空间，朝着茶艺馆的方向经营。

随车携带的茶具可在周末的农家院里创造一个小小的茶席空间

存 在

　　一个最精简的茶席或者说一次最精简的泡茶行为可以将其组成
简化为三个部分，其一是原料即干茶与冲泡用水，二是行为主体即
冲泡者与品饮者（有时这两者身份重合），三是承载物即茶具。如
果用时间的概念去看待此三者，其中仅有茶具是可以在这个空间里
一直存在并几乎保持原有外在状态的。在泡茶行为的这个小宇宙里，
茶具就是如同巨石阵、金字塔或雅典卫城那样丰伟纪念碑式的存在，

不同风格的茶杯可诠释不同场景中的茶汤

而泡茶者和茶汤如同史上的人类文明一样，不断产生、累积和消逝。

对于一件茶具，如果暂时不考虑其历史人文的内涵及它经历过的无数故事，我们可以主要从其材质和造型两个方面加以考量。当然，还有一些在特定情况下会变得尤其重要的因素，比如色彩、其上绘制或浅浮雕式的图案、工艺等。因为色彩和图案在很大程度上依附于茶具的材质及造型，且是带有一定主观审美性的风格化内容，故而在讲述到材质和造型时会一并提及而不单独论述。一般在不影响茶具的材质和造型的情况下，茶具工艺问题也是和泡茶行为相对不那么密切的内容。

在卷上谈到茶叶的冲泡问题时，诸多地方都提及了冲泡所用茶具的材质选取，而这些提及过的材料多是在陶瓷的范围内讨论的。陶土无疑是最理想的茶具制作原料，但除了陶瓷之外，我们常用的茶具的材质还包括金属器和玻璃器等。

就金属器具而言，因为锡器密封性能的优良能使茶叶在最大程度上避免氧化，我们故而常选择锡制的茶叶罐存放茶叶；在煮水过程中因为生铁材料对水质的特殊优化作用，故而常用生铁壶煮水，在日本尤为如此；而在实际的冲泡行为中，经常选择的冲泡金属器具多为银器或是一些铜器。

用铁壶作为煮水器时，也可能会发生一些需要应对的微妙情况。如果在煮水之外，直接将茶叶投掷入铁壶内煎煮，你可能会赫然发现倒出的茶汤变得乌黑且失去光泽，无胆入口。这一般都不是铁壶或者茶叶的品质问题，而是茶叶内的多酚类物质与铁离子相结合所致，未经发酵或轻发酵的茶叶其茶多酚含量一般更多，因此也更容易因使用铁壶煎煮而变色。故而用铁壶煮茶时选择发酵度高深的茶叶或焙火老茶，能在一定程度上减小茶汤变黑的几率；而若要彻底避免这个可能性，则最好选择用陶壶煮茶。

同材质和色泽下形制的变换、相似相近物的反复、同形制下材质和色泽的变换

关于陶瓷器这个概念，从字面上看来是包括了陶器和瓷器两种材质的总称，而从另外一个角度则是反映了烧制工艺的一个幅度范围，即从陶器到瓷器是烧制温度增加、器具的紧结度增加、吸水率降低的过程。瓷器的紧结度基本已高达其吸水率为零的状态。而介于陶

器和瓷器之间的状态又常被称为炻器，比如有着一定透气和吸水性能的紫砂器。在实际的泡茶行为中，紫砂和高紧结度的瓷器是最常用的冲泡及品饮器具。

不同的泡茶器具对于茶汤风格和味道的影响主要由于其材料的紧结度。材料密度越高时，茶具的散热也就越快，也就越利于表现不发酵茶的风味；反之，当密度降低茶具的散热减缓时，更利于冲泡发酵度深厚的茶叶。

银器的密度极高散热极快，而玻璃器具和瓷器的密度亦相当，因此这三者都非常适合于冲泡绿茶，能最大程度地还原绿茶清新、悠扬、富有生命力的风格。在现实生活中我们的首选是薄胎的瓷器，胎体越薄则散热越快，绿茶滋味便更具表现力。银器不为首选，一是因为其相对昂贵，二是依照传统的文人化观念，在行茶中金属材质无论是在色泽还是触感上都不如瓷器更具亲和力。当然，如果你着眼于增加一点异域风情或皇室风范，别致的银器会是加分的选择。玻璃茶具是很多人现代人冲泡绿茶的选择，一大原因在于其晶莹剔透，可在最大程度上欣赏茶叶在水中的姿态。但泡茶和中国其他的传统艺术一样，从来不会让观者一览无余，因此比起瓷器来，玻璃器皿可能还是少了一点点起承转合的韵律感。如果再加上造型的因素，那么敞口的盖碗最宜绿茶的风格，从技术上讲是因为敞口易于加快和控制散热之故。盖碗由盖、碗、底托三部分组成的形制又被称为三才杯，一般认为此形制对应暗指天、人、地三者合一。传统盖碗的材质大多为瓷器，现在也有诸多玻璃器或混搭材质的盖碗，另外亦有在紫砂器之内壁施白釉而成的盖碗，这样既使得器物从外部看上去有紫砂的稳重和古朴，而内壁的高紧结度又适合冲泡绿茶，且白色更宜观赏青绿的汤色。

比起瓷器在生活各个门类中的广泛运用，紫砂可以说是一门为茶而生的艺术形式。虽然日常周遭不乏紫砂所制的花盆、摆件等，但

恰如其分的茶具会与周遭环境
产生正向的呼应感

紫砂主要还是被运用在制作茶壶和其他茶具用品上。不同于中国有诸多瓷器产地风骚各领的状况，紫砂唯宜兴独尊。所谓紫砂，字面上看来是紫色的砂土，紫色也是我们最常见的紫砂器颜色，而通过紫泥、朱泥和绿泥等原泥的调配可以得到纷繁不同的颜色。紫砂器具以壶为主，不同的砂土和制作工艺可以得到一定范围内紧结度不同的壶具，但总的说来其密度远低于瓷器，因此紫砂壶有一定的吸水率，且散热慢于瓷器。基于这样的特征，紫砂壶更适合于冲泡发酵深重的茶，比如焙火茶、红茶和熟普。从造型上而言，肚大口小的壶形使得散热减慢，有利于重发酵茶成熟韵味的表现，故而紫砂壶在我们传统茶具中的地位首屈一指。古来有许多名壶传世至今，亦有许多经典的造壶样式一直运用流传。抛开材料单就壶形而言，纵然具体的样式和经典形制的命名众多，但若简单地从壶把和壶身的位置关系来说，可分为侧提壶、横把壶、提梁壶、飞天壶和无把壶这几类，其中侧提壶是我们使用最多的造型，而横把壶则在日韩茶道中更为常见。

茶席会用到柔软的材质和颜色平衡厚拙的存在物

按照前面的逻辑，如果我们非要将发酵不同的茶类与各类材质及造型的茶具相对应的话，那么稍过武断极端的结论是，薄瓷盖碗最宜绿茶而紫砂壶最宜红茶及熟普。那么与发酵度介于它们之间的乌龙茶最相匹配的茶具又是什么呢？如果非要考虑一个具体的折中方案，那么也许厚胎的瓷壶相对较为合适。因为瓷器一方面表现了乌龙倾向于绿茶的那一部分，而壶形又表现了其倾向于普洱的那一部分。这里一定要强调的是，即便针对绿茶和普洱这两种处于茶叶两端的冲泡器具，也并无必需的对应，盖碗和紫砂的建议仅仅是为了提供给泡茶者打破规则之前的常识性基本规则。该如何选择茶具，完全取决于具体的茶叶品格、冲泡情况、茶席主题和表现手法等。比如我们可以用盖碗和紫砂冲泡同一种绿茶以表现南国和北国在春日里给人的不同感受之差异；亦可以用盖碗冲泡普洱，为本来凝沉的茶汤增加一丝轻灵。就乌龙而言，瓷器冲泡香味胜，而紫砂冲泡则韵味胜。法无定法，一切可能性皆取决于泡茶者其时的动机和心境。

除了这些最重要的茶具材质外，还存在着一些相对不常用的材质或是一些泡茶辅助用具的材质。描写最纯深情感的诗句"一片冰心在玉壶"虽是修饰之词，但并非来无依凭。玉石器的壶具从古至今皆有，中国人对玉的认识是"言念君子，温其如玉"，玉的品格和茶均是中国人观念里的君子之风，且玉石器泡茶有其异于陶瓷器的独特风味。因为玉石的原料相对贵重和不常用于饮茶，故而选购玉石器的茶器时必须多加留意其原料是否纯正等问题，以防止伪劣材料作为冲泡器具时对健康的损害。

在辅助茶具中，木质和竹质常被作为水盂、茶勺、茶荷、漏斗和茶叶盒等器具。木和竹的自然天性和茶事浑然一致，在日本茶道中它们相对更为重要，比如竹制的茶筅在抹茶道中并非辅助器而是必不可少的用具。

竹木材料在日式茶具中不可或缺

126

消 逝

　　在一次泡茶行为中，茶具是此间相对稳定的元素；而在一次茶会中，则有着诸多并不稳定，会在其间逐渐变化和消逝的元素，比如常见的香道、花道及琴道参与其中。在茶会中，这些艺术形式只有在和茶会主题发生联系时方才实现其稍纵即逝的意义，而它们的短暂存在似乎更能显性地诠释上文所谓的一期一会的思想。

　　香道、花道及琴道此三种艺术形式特别是前二者在当下我们的观念中和日本茶道关系非常密切，虽然事实上如此且本文也会提及日本茶道相关之种种，但此处对三者的讲述是立足于此三种形式在茶会中超越流派的更具普遍性的存在意义，亦是立足于该书是作为一本茶道之源的中国茶道之书籍。

　　中国香道在春秋战国时期业已出现，而在隋唐时达到完备的状态，继而流传至日本。香道和茶道在中国悠长的历史中共同发展、成熟和相融。香道在茶会中的运用一般安排在泡茶进行之前，也可以作为一次茶会的序幕。如果此次茶会的规模较大、参与的人数较多、需要冲泡两种以上的茶叶、持续时间比较长的话，那么可以现场展示用原料制香，再行焚烧，具有一些香道仪礼的性质。反之，如若只是人数不多时间不长的小型或家庭茶会的话，则宜直接焚烧成品香料，这样比起现场制作香料精短了时长也避免了可能喧宾夺主于之后的泡茶行为。

127

焚香所用的香料可以是各种各样的形制，粉末的、不规则的块状片状或者规则的形状。在茶会的焚香行为中更倾向于选择规则形制的香料，规则形制的更为可控便于操作的精简，以及为泡茶预留出更大的表现空间。规则形制的香料一般分为有骨香和无骨香，有骨香一般是涂捏固定于纤细丝竹之上以其为芯的柱形香，无骨香则既有剔去柱香之芯的粗细不等的线香，亦有呈环旋绕状的盘香。在茶会的实际运用中，盘香因为其体量相对较大和造型相对复杂，一般不作选用。当然，需要反复说明，以上所说的各种倾向性都不是不变的必需。譬如，一次以"无定"为主旨的几人茶会，参与者需要随机抽取未知的茶叶进行泡饮，茶会的预先设定就是要达到无法进行设定的效果，那么不规则形制的香料在焚烧中更多的不定与偶然便更符合此次茶会之风格。亦譬如，一个整体空间很大且将此大空间有所划分的茶会场地里，在空间分隔的交界转折处便可以分别运用上相宜的盘香，如果此处用线香则无论在视觉体量还是香氛效果上都会弱而难及。

焚香行为除了需要香料外，还需要相应的器皿即香炉。除了香料的品种和香炉的材质造型之间需要呼应外，这两者更应该同茶会的主题、所冲泡茶叶的品种及茶具等相呼应。譬如此次茶会与礼佛有关或者表现古代宫廷主题的话，可以选择檀香，用铜质类鼎的香炉；如若冲泡绿茶，则可选择茉莉、菊花等清新淡雅的花草类香料，香炉可以是直筒高腰的青花瓷器；如果冲泡普洱等深沉风格之茶叶的话，可以用沉香，配以鼓腹收口的紫砂香炉；如果冲泡乌龙茶，可以视其发酵和焙火程度选择一些花草类或木质的香料，或进行调制使香质介于二者之间，香炉材质可选汝窑或白釉开片，形状可以是低腹阔口的造型。此外，在现代茶会中我们可以也可偶尔尝试用西方的精油熏香，同理选取不同的精油和熏香炉，这在独饮或二三人的小型茶会中可得简便之妙。

切记茶会是以茶为主而非以香为主，故而焚香的首要原则便是不夺茶香，不干扰茶叶的冲泡和品饮行为。如果此次茶会冲泡的是茉莉花茶的话，那么笔者认为焚香中并不应该选取茉莉香型，因其与茶香的混淆之损大于匹配之美；同理如果在待冲泡的茶叶中已加入了沉香木入味，则不宜选择沉香来焚烧。除了焚香的契机应该设定在茶叶冲泡之前以尽量避免与泡茶时间重叠外，香炉的位置不应当在风口之上以避免香味快速弥散，也不宜在参与茶会人员视觉范围内的重心位置。

相对于香道来说，花道更加形象且更容易为人们所理解。比起茶会中焚香行为的短暂，虽然茶席上的插花也在慢慢地趋向于枯萎，但我们在设计茶席插花前会考虑到茶会持续的时间，所以插花还是伴随着整个茶会从开始到结束，比起焚香所产生气味的流动性，它更静止地存在着。

燃香将尽、鲜花萎花、千叶枯芒，在茶席里构建了强烈的消逝情结

茶席之花可以简单到撷花浮水

中国花道的历史基本和香道相当或者略晚，其起源形式可能主要源于礼佛的插花供奉。花道同样在隋唐完备而盛行，其后随着佛教传入日本。当代日本已有两三千个的花道流派，主要继承了立花、生花和自由花等形式。在中国历史上，花道和香道一样与茶道共同发展并成为茶会茶席中的重要组成部分。

　　茶席中的花道运用不同于其他环境中的独立插花作品，它对于花材之选取所应避免的首先是带有强烈气味，因为插花不同于焚香的短暂，而是在整场茶会中一直存在，因此太过强烈的香味必然搅扰茶香。其次因为茶席的主题大多带有雅趣之味，因此太过艳丽或者体量过大的花材一般不适合，但也有例外，比如宫廷富贵或者具有民间地方特色的茶席主题。最后一般不用寓意不好或者名称不雅的花材，当然这也是在不同文化中见仁见智的问题，关键还在于茶席的设计者如何诠释。

　　茶席中花材的选择和造型都要符合整个茶会的主题和视觉风格，以及所冲泡的茶叶种类等，虽然茶席插花也可成其为一个独立的小主题，但它主要还是与茶会或茶席的大主题构成从属关系。譬如我们在冲泡武夷岩茶时，可以选择偶有小型花朵的一截枯枝老干，并不配以其他花材，而造型则可是从花器中悬挂横出的样式，花器可选择深沉稳重的陶器。从材质和造型来看，红梅最符合这样的情态，且红梅之色亦饱满深沉，符合岩茶之韵，但腊梅或白梅则感觉不对。从时间感来看，红梅见于冬，岩茶稍重焙火和发酵的性质也颇宜冬日品饮。又譬如我们在冲泡绿茶时，应该选择春日淡雅的小花或者无花只是新绿的枝叶，几种体量较小的材质簇拥着自然蓬勃地插入浅色的瓷器中，而不应太过修饰造型。在窨花茶的处理上与焚香不同的是，如若冲泡加入玫瑰花瓣的茶叶则可以在插花中加入小朵的玫瑰，而冲泡桂花乌龙可以选用小簇的桂枝作为花材之一，这样可在因人介入的

异于主题的一两点的生机之色
让秋意流破茶席空间的边界

132

茶席环境中得枝头之景入杯中之味之妙。

除了茶性上的考虑外，我们还应该从更多的角度考虑插花与茶席的关系。比如从茶叶的揉捻形态和花材形态的关系上，碧螺春的卷曲状可以用藤条来呼应；我们也可以插入剑片状的叶片来强调龙井叶型的凛冽。从茶名和花名的呼应关系而言，冲泡东方美人时可选择虞美人，但用美人蕉效果就会适得其反；冲泡竹叶青时可用文竹作为花材，但用龟背竹或富贵竹便会大相径庭；而冲泡铁罗汉时则可选用罗汉松。从茶系的色彩感而言，冲泡白茶时可以搭配白色系的植物；黄茶可以倾向淡黄色；黑茶则选取色彩深重的花朵。还有一些比较特殊的通感关系，比如花器插入松枝会让我们更加留意杯中正山小种的茶汤里带有被松枝熏制过的味道。

香炉和香插一样常用

在茶会之末或在品饮两种不同的茶之间加入乐器弹奏也是常有的茶会形式。在茶会之末的乐器弹奏既能让人回味茶会和茶汤，亦有作为尾声的意味，而在冲泡不同茶类之间的乐器演奏，则可以借此休息参与者的味觉并承前启后作为过渡。茶会中的乐器演奏首选古琴，古琴是中国最古老和最有文化内涵的乐器，它在中国文化中的重要性使其从所有的乐器中独立出来，是中国古代文人品格修养的必通之途。习琴不易，攻琴如参禅，与茶性相投。古琴之外，可选取其他丝竹乐器如筝、埙、笛、箫、阮、琵琶、二胡、马头琴等；不同的乐器都有其各自的曲目或未必成曲，选择以适合茶会主题即可。一般来说茶会中只选用单旋律独奏形式，而不用重奏或合奏，另外我们也可以采用人声吟唱或选择一些管弦类的西方乐器。

琴道虽以声入茶，但其声是为了内心中的宁静和开阔。香道主要以嗅觉审美为载体，而花道之于视觉，茶汤之于味觉，茶具之于触觉，加之琴道之于听觉，一个茶会俨然调动了人体整个感觉系统均参与其中的可能性，使得品茶行为自然地成为一个综合体验式的艺术行为。

之二 古品

与西方艺术不同，中国古代艺术从来都是以诗歌、书法和绘画为核心而存在；从古至今中国以茶为题的诗书画作品无数，它们与人的关系恰如茶与人的关系般随然亲切而又具有微妙的距离在不断调整。

与西方艺术以建筑为核心且雕塑和绘画均依附于建筑而存在的特性所不同的是，中国古代艺术从来都是以书法和绘画为核心且独立地存在。当西方的雕塑和油画需要特别考虑其与建筑的空间位置关系以协调观者的视线角度时，中国的书画却是悬挂平置、远近横斜，可贡于厅堂，亦可与其耳鬓厮磨，各有观赏意趣。从这个角度而言，中国书画与人的关系恰如茶与人般随然亲切而又具有微妙的距离在不断调整。

　　在中国相当长的历史阶段里，诗词始终是被尊为最上品的文学样式，也是书画之意境的最重要内涵。以诗词入书画，而书画中亦有诗词。茶与诗书画相为一体的形式，即是中国最为典型的文人意气的表现之一。如果说上一章"法则"是在茶道或泡茶行为体系之内的诸种圭臬，那么该章的诗书画则是与茶道或泡茶行为有关的艺术形式。

诗歌的意味和书画的造型感一直为茶席之追求

137

诗

　　提及茶道，大多数西方文化背景的读者甚至我们当中的很大一部分人，首先想到的会是日本茶道。事实上，在日本茶道的故乡中国，茶道一词早在一千两百多年前就出现了唐朝诗人皎然的诗歌中，而当时间前行了八百年之后，日本茶道宗师千利休才提出了该词。率先出现"茶道"的这首诗是皎然数首《饮茶歌》中的一支，全名为《饮茶歌诮崔石使君》，是诗人同朋友崔石使饮茶时的即兴之作。该诗中不仅提到唐时名茶剡溪茗，描绘了茶叶的形色、煮茶的景象、饮用时的身心感觉、茶汤的高洁之气，还至此开创了历史上以茶代酒的习气。这首诗歌从茶本体、饮茶行为及品茶境界这三个方面试图作出对茶道内涵的定义，且不论其定义是否完满，但这无疑是茶道历史上从无到有的开创之举。

饮茶歌诮崔石使君
唐·皎然
越人遗我剡溪茗，采得金芽爨金鼎
素瓷雪色缥沫香，何似诸仙琼蕊浆
一饮涤昏寐，情思朗爽满天地
再饮清我神，忽如飞雨洒轻尘
三饮便得道，何须苦心破烦恼
此物清高世莫知，世人饮酒多自欺
愁看毕卓瓮间夜，笑向陶潜篱下时
崔侯啜之意不已，狂歌一曲惊人耳
孰知茶道全尔真，唯有丹丘得如此

唐皎然之《饮茶歌诮崔石使君》
（邵丁书）

　　关于皎然的诸首茶诗不再一一讲述，但是他与茶圣陆羽的忘年交情却是不得不提的耀烁茶史之传奇。此二人缘茶所起的情谊在皎然的诗歌里和其他历史文献中都存有相当的记录，还有学者考证皎然对陆羽有知遇及教诲之恩，陆羽之《茶经》更是在皎然的指点和开导下方能行笔杀青。我们在今天如是回顾中国茶道的一个黄金时期唐朝，如果非要着意于陆羽和皎然在茶道上的分野，单以二者遗世之著作作为单方面判断，陆羽茶道更加倾向于"茶"，是有着具体指向即实战型的研究成果，《茶经》已具系统齐备之法；而皎然茶道则更注重"道"，是一种抽象理想即精神内涵上的修行，其诗作以茶入道，借禅法之境完备了茶法之道。而比起二者之异，我们更应意识到皎然与陆羽的相知，茶歌与茶经的媲美，使得中国的诗道与茶道共依共存地在大唐盛世里齐鸣至高潮。

作为中国诗史留名之第一人，诗仙李白因其斗酒诗百篇也被奉为酒仙，其酒诗无数，而李白的咏茶诗也享负盛名。如该诗《答族侄僧中孚赠玉泉仙人掌茶》，是中孚禅师赠李白予仙人掌茶，故李白以诗答谢之作。诗中的故事设置在了一个道家仙境般的场所，而对仙人掌茶的描写更是此物只应天上有，仿有返老还童之神效。该诗情景交融、叙事抒怀，不仅是中国最早的茶诗之一，还是最早关注茶性健康功能之茶诗，侧面可见茶文化在其时的渗透力。

宝塔诗是中国颇有趣味的诗体形式，它通过逐层增加字数将整首诗歌累叠摹形如宝塔之状。唐诗人元稹之《一字至七字茶诗》即是借宝塔诗体从楚楚之形态、曼妙之色彩及花前月下之情致诸方面描写了烹茶饮茶之趣。该诗最后一句夸茶能于醉后醒酒，此言不假，但笔者需要稍煞风景地稍作提示，千年前唐朝的酿酒法和煮茶法与当今并不完全相当，不论唐茶能否消散唐醉，但就今日来看，酒后饮茶确能在一定程度上解醉，其原理是快速经肾脏排泄未分解酒精而得以减小了肝脏负担，但因此一并增加了肾脏负担而提高了其损伤的风险，并且酒精与茶汤的双重兴奋效用对心脏也是较强的刺激。因此现代食宴上觥筹交错间的酒茶混饮并不健康，而酒后饮浓茶解醉偶然为之无妨，但一定不是长久可行之计。

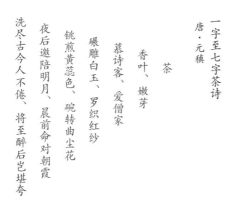

一字至七字茶诗
唐·元稹

茶

香叶、嫩芽

慕诗客、爱僧家

碾雕白玉、罗织红纱

铫煎黄蕊色、碗转曲尘花

夜后邀陪明月、晨前命对朝霞

洗尽古今人不倦、将至醉后岂堪夸

唐代可谓茶诗的开创之朝，诗篇涌现而字句珠玑，而到了宋代之后，茶诗词更是如同斗茶般交相错落。自宋而始，茶诗词的外延更为扩大，内容包括了煮茶之泉、茶叶自身、品茶行为、茶具茶器、茶会茶宴、茶人茶事、茶书茶山、茶食茶点和制茶工艺，等等。由于唐诗之后，宋词较之于宋诗更具成熟的写心写境之表达，故而此处选取两首宋代之茶词。

　　北宋苏轼的《望江南·超然台作》是笔者最为偏爱的茶词。南船北马总他乡的乡愁是中国诗词中亘古不变的主题之一，而苏轼的这阕词将茶思与乡愁天衣无缝地糅合在了一起。该词上阕描绘了在北国登台远眺春日图景，下阕则言明具体时间为寒食节后。寒食节源起于中国历史上一个凄绝的故事：春秋晋国公子重耳流亡中曾落难荒野，食不果腹时随从介之推割股取肉以飨之。其后重耳返晋为君，而之推则功成身退，携母入山隐居不仕，重耳为求其出仕而烧山以逼，而之推不从，与母烧死于树下。重耳大哀之下诏令天下每年此日不得举火，故谓之寒食。寒食节后则接踵清明，清明既是返乡扫墓之时，亦是新茶初市之期。而诗人身在北国不得归返南乡，于是酒后感叹：莫对旧友谈起故乡之思啊，还是用新火烹沏南国的新茶聊以自慰吧。人生无奈且得苦中作乐的自我排遣之情绪尽在眉梢心头，也在诗人的笔墨下淋漓尽致。

　　苏轼与笔者的故乡同在产茶的四川，幸而现代的物流已能轻而易举地将南方的春茶即时运送到北方的市场上来。每一个身处北方的春季，如若没有品尝到南国的新茶，都无法真正感受到春天的到来，而这些南方新茶的气息，原来便是故乡气味的莫大慰藉。纵然宇宙洪荒时移境迁，经由春茶这一介质，原来我们的感受竟然与一千年前古人之情思毫无二致。

望江南·超然台作

北宋·苏轼

春未老，风细柳斜斜。

试上超然台上望，半壕春水一城花。

烟雨暗千家。

寒食后，酒醒却咨嗟。

休对故人思故国，且将新火试新茶。

诗酒趁年华。

另一位北宋诗人黄庭坚之作《品令·茶词》，该词高妙之处在于将煮茶饮茶这些稀疏平常的行为描绘得栩栩如生、贴切入微，那种饮茶欣喜却又无从言起的感受更是跃然纸上。宋时贡茶为龙凤团饼，即茶饼制成后以蜡密封并盖上龙凤图纹。该词上阕以情人离别相比拟，描绘了将龙凤团茶中的凤饼茶瓣开碾碎，犹如将茶饼图案上的双弯凤强加分离；而茶饼碾作琼粉玉屑，煮水声恰如风林松涛之鸣时汤品老嫩正好。下阕则在刻画品饮茶汤之美的无言感受，就如同相逢万里归来的故人得对影灯下，内心之欣喜又怎能言表万一呢。诗人这一比喻制胜于所引起饮茶人的万千共鸣。

品令·茶词
北宋·黄庭坚

凤舞团团饼。恨分破，教孤令。
金渠体净，只轮慢碾，玉尘光莹。
汤响松风，早减了，二分酒病。

味浓香永。醉乡路，成佳境。
恰如灯下，故人万里，归来对影。
口不能言，心下快活自省。

　　茶诗词并非仅与情感、生活等趋微及趋内在的诉求有关，比如南宋的文天祥即以"扬子江心第一泉，南金来北铸文渊，男儿斩却楼兰首，闲品茶经拜羽仙"的诗句在国家命运转掖间高呼了壮美决绝的政治理想。

　　明清时期由于中国文学之重心由诗词转而为之小说，因此明清之茶诗词相应地不如唐宋般繁盛，但这并不意味着这个历史阶段文人墨客的咏茶兴致有所减损，单从小说《红楼梦》里诸多与茶有关的诗词歌赋即可窥见一斑。

　　唐煮宋点之茶法使得茶叶金贵而饮茶不易，因而其时茶道更与宫廷或文人相关紧密，比如宋时徽宗曾著茶书《大观茶论》概述了北宋的制茶业之风貌。虽从明清开始一改前法转为泡茶，使得饮茶行为进一步成为百姓寻常事，但名茶依然是皇家贡品的首选。清时乾隆帝便另辟蹊径作《御咏茶花》一诗，一反前人之习称叹茶之叶，转而咏赞茶之花，将视角从春天的茶叶嫩芽转移到了秋日茶树花朵上。

御咏茶花
清·乾隆

枪旗春月已舒叶
冰雪秋时乃吐花
羞煞东风莫相问
人间祇解品芽茶

　　清朝时人还别出心裁地将苏轼两首诗中的句子凑集一起，以作对联挂于杭州茶室，此二句为：欲把西湖比西子，从来佳茗似佳人。而其时书画家郑板桥则专门题作茶联为：汲来江水烹新茗，买尽青山当画屏。这两幅茶联的巧思妙意，鲜活地表现了无处不在的茶诗之趣。

北宋苏轼与清郑板桥之茶联

（邵丁书）

书

　　如果说可考的茶诗最早出现于唐代，那么有关茶的书法则可以大大往前推进。我们目前可以看到的最早的"茶"之文字形式出现在东汉的青瓷器皿上，尽管其笔画构成与现代的茶字并不完全相同。在将与有关茶的内容与其书法形式建立对应关系之前，需要理解中国的汉字一直是一个演进流变的过程，现代汉语中的茶字是在唐代陆羽的《茶经》中才得以确定，在此之前对应该字的表意符号一直是"荼"，而即便茶字确认之后，依然同时存在着关于茶的其他别称。

　　中国的书法艺术一直是中国传统经典美术的核心，其发展轨迹从甲骨文、石鼓文、钟鼎文、大篆、小篆、隶书，以至草书、楷书、行书。书法艺术是以中国的象形文字为造型载体，以中国的文化和审美情趣为内涵，击破了文字形式本身的极具抽象意义的艺术形式。因而对于不熟悉中国文化的观众而言，书法比其他造型艺术更具跨文化的理解难度。我们对书法艺术的判断往往建立在其形式本身，但同时作为文字，书法本身也有其表意和实用的性质，我们在此讲述的有关茶之书帖即是结合其叙事的内容，选取了几个历史上最负盛名的作品。

　　后人在命名古人的字帖时，往往取该帖的前二字或帖中最重要的词作为该帖的名字。唐朝怀素的《苦笋帖》之名便是如此而来。该帖内容为"苦笋及茗异常佳，乃可径来。怀素上"。揣测语境及怀素

明 徐渭之《煎茶七类》，该帖原石藏于浙江上虞文化馆

不拘世俗礼节的性格，翻译成现代文即是：你送的苦笋和茶都美味极了，尽可多送一些来啊。从内容可见唐时茶叶在文人墨客间是非常流行的，而在当时确实也是珍贵的礼物；从体裁上看明显这是一封随意的手边短信，也是我们现今可考的最早的与茶有关的手札之一；从笔墨造型上而言，怀素的寥寥数字表现了大唐书法之崇尚法度下其恣意凛冽的个人风格。

宋人书法尚意，注重个人内在的修为，书法形式也因而具有浓浓的书卷气，蔡襄的《精茶帖》便是一例。该帖因其中的"精茶数片"而得名，这四个字也流传千古。蔡襄本人与茶的渊源深厚，他一改上呈皇家的大龙凤团茶形制为小龙凤团茶，借此将茶叶品质和茶道审美结合起来推向了一个历史的极致。其著作《茶录》一书极显其专业研究，该书上篇着眼于茶叶本身，涉及品评标准、保存及烹点之法；下卷则论及茶叶制作、烹点及品饮之器具。蔡襄在此书中反对往茶中加入香料的一贯制茶之法，可谓对茶叶本体审美意识之纯净化，而千年之后重视茶叶本身的香味已然成为当代茶人之共识。

146

在上文中我们讲述过宋人苏轼的茶诗，苏轼不仅茶诗众多，茶帖亦是不少，《一夜帖》便为其中之一，其中"却寄团茶一饼与之"，正是中国所特有的以茶为礼的习俗。作为一位精于茶道的专家，苏轼很早就发现了茶的保健功效，记录了以茶护齿之法。而我们今天所见的提梁壶之形制，相传也是苏轼为泡茶所创。

在中国明清时代书法亦有其建树，有关茶的书法作品依然不少。明代徐渭所书的《煎茶七类》不仅是上好的书法作品，由唐人卢仝所著的原文本身就是极其重要的茶学著作。而清人林则徐的茶联"竹露煎茶松风挥麈，桐云读画蕉雨谭诗"诗文皆有风味。

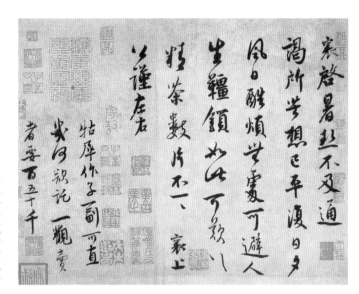

北宋蔡襄之《精茶帖》，藏于北京故宫博物院

以上书帖的讲述中我们并没有将重心放于书法本身的形式分析，一是为了与本书主体内容协同，还因为在中国书法艺术的研究传统中一直有着注重书法形式却相对轻视了书法内容的习惯，这个问题具体到茶书法中，即是对这些书法作品背后密切相关的茶文化及典故的研究并不充分。可见茶文化研究亦是一个非常复杂的综合学科之构建。

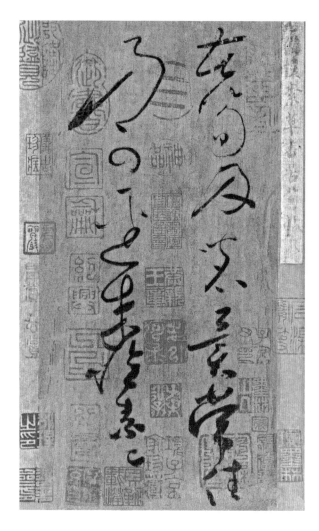

唐怀素之《苦笋帖》，藏于上海博物院

148

画

客观而言，在没有题跋的情况下，将古画中的场景与茶事行为建立对应性需要对其时社会生活状态相当的了解以及文化上的宽容态度。毕竟，比起诗词之可读，书法之可辨，对绘画作品的解读较之前两者并不容易。中国与茶有关的绘画作品大抵可分为两类，一类是在画面内容中出现了茶事场景，二是绘画作品本身即是以茶事活动作为主题。其中难以解读的不确定性主要是针对第一种情况所言。

北宋赵佶之《文会图》，藏于台北故宫博物院

　　早在传为晋代顾恺之所绘的《列女传·仁智图卷》中，地上的杯盏即被认为表明了一个茶事的状态。而到了唐代在传为阎立本所作的《萧翼赚兰亭图》和传为周昉所作的《调琴啜茗图》中所表现出的茶事场景已然非常确定。《萧翼赚兰亭图》表现了一个关于智盗书法名品的故事中的一个场景，图左下二仆正在煮茶，以备奉客。从中我们可以看到置茶于沸锅中的状态及各种煮茶与饮茶的用具，这些茶器具与在陕西法门寺地官中所出土的唐朝官廷茶器具有一定的呼应。当然，我们可以想象这番煮茶的场景就画家当时的出发点而言，主要还是为了设置以茶侍客的礼仪背景。比起《萧翼赚兰亭图》的戏剧化情节，《调琴啜茗图》表现的是平常生活中随意而优雅的一幕，

贵族的女子调古琴、饮茗茶，无限慵懒闲适之情致。饮茶便是其中人物身份和审美品味的一个重要符号。

北宋皇帝宋徽宗赵佶的《文会图》可谓是绘画史上极尽豪华之茶宴。古时茶会一般会择幽僻之所而人数精简，因此该图所反映出的饮茶及备茶的人数规模已然是宏大，而巨榻上众多精美的茶具亦有可考的依据。宋徽宗是一位精茶道、善书画的文人皇帝，其创制的瘦金书体尤适题于工笔画上，其茶著《大观茶论》更是精妙而富有文人情趣。同样是描绘茶会的南宋宫廷画家刘松年的《撵茶图》，则是在详细刻画了侍者备茶、主人饮茶的同时，展现了典型的茶事绘画之静谧清幽之格。

南宋刘松年之《撵茶图》，藏于台北故宫博物院

  《文会图》与《撵茶图》为宫廷及贵族茶事生活之写照，它们比起文人茶事生活的画卷来，其中纲常礼仪的制度更为优先和明确，即在同一画面中仆婢备茶和主客饮茶两者因拉开了物理空间上的距离而相对地各自独立。我们可以看出即便受到当时社会礼法之拘，在茶汤品饮之前的茶叶准备亦是值得刻画的重要环节，对比宴饮图中则绝不会出现前期的庖厨之景。君子远庖厨，而茶之为饮则最宜精行俭德之人，这样的比较当然有失偏颇，但古人正是借对君子品行修养的道德要求将茶事放置在了以食为天之上。

  元代赵孟頫的《斗茶图》是茶事绘画中少有的在内容上不行阳春白雪路线的代表。"斗茶"在各个朝代皆有之，当代的斗茶是每年产茶季对成品茶叶的评审比赛，历史上最为著名的斗茶则是宋徽宗率群臣之斗茶。北宋的斗茶主要是泡茶技艺之斗，简单说来，将茶饼香熏、掰碎并碾细后置入黑色的茶碗，注水后打出的白沫越多越白则技艺越高。所谓咬盏，即是白沫泛到碗边咬住碗口却不溢出，是斗茶技艺高超的表现；而又有水丹青之说，即让白沫等在茶汤表面形成某一物象之瞬间。回到赵孟頫的《斗茶图》，其刻画了市井中四人左右两组的茶贩的烹茶比赛，通过斗茶展示自己的茶叶优于对方。除了对人物姿态神情的传神刻画之外，我们也可以从中清晰地看到茶笼、茶炉、茶壶和茶碗等民间茶事用具。

明清时期亦有众多的茶事作品。和许多画作一样，明代丁云鹏的《玉川煮茶图》及清代金农的《玉川先生煎茶图》均是以唐代著名的茶人卢仝为母题所作。前者丁云鹏之作设色艳丽，玉川坐于芭蕉树下，持扇而目视茶炉，身后是茶壶等用具；一仆似提壶汲泉而去，一婢则手捧茶盒而来。后者金农之作中，虽然同样是芭蕉背景，却设色淡雅而古拙写意；人物结构也相对简单，玉川坐于一炉一罐一碗的矮几旁，而一仆正从泉中取水。我们知道，在明清时期主流的茶事已转为泡

明丁云鹏之《玉川煮茶图》，藏于北京故宫博物院

153

饮之法，而此类怀古主题不减，这当然与其时社会心理与画家本人意趣有关，但亦可见茶道在历史飘摇中已慢慢地根深蒂固在了我们内心理想的诉求里。

　　如我们所知，茶诗词、茶书法和茶事绘画三者均在中国漫长的历史和朝代更迭中逐渐建立起了一个枝繁叶茂而根系庞杂的系统，其体量相当于系列专著。而本书体量有限，此处仅仅是按照笔者的个人视角选取了诗书画中的一些与读者沟通讨论，希望不会有失偏颇，而是能裨益于在提供思路和切入点之后读者们能再行打开更大的局面。

禅思

之三

『茶禅一味』的思想是茶道中的禅学思想的核心，它直接将我们日常生活中最普通的饮茶行为与最内省的精神反省关联起来。让我们通过一碗有差别的茶汤修习如何舍去前后思虑而专注当下，完成无差别的行为并获取自由的可能性。

提到茶道中的禅学思想，读者大多会同时念及日本茶道。诚然，当大和民族将其主要的传统宗教佛教和神道教融入平常生活中几近文化习俗时，禅的思想也便溶化在了日本人生活的举手投足中。禅的思想不光是日本茶道的思想内核，同样也是日本花道、香道、园林等艺术门类的内涵，之所以与茶道貌似联系得更深，是因为日本人将茶道作为对外宣扬本土文化的首选之项。如同在日本最常见的抹茶道来自于宋代中国的点茶法一样，日本的禅学也是溯源于宋代中国禅宗的传入。该章并不系统论述精神范畴中的茶道，亦不专门讲述日本茶道中的禅学思想，而仅仅是点拨普遍意义上与泡茶行为有直接关联的具有禅思意味的契机。

茶禅一味的思想是茶道中禅学思想之核心。早晨开门七件事，柴米油盐酱醋茶，茶在中国人的心目中已然是老百姓生活里最平常的一个不可或缺之组成部分，而茶禅一味则直接将我们日常生活中最普通的饮茶行为与最内省的精神反省关联起来。这正是"生活即修行"思想借由饮茶这一介质的智慧表现，旨在抱着平常之心不懈怠地对待生活中的每一件小事。

茶禅一味思想的出现有一个开端和发展过程，最终成形于禅宗成为中国佛教之主流的宋代。禅宗之修行追求顿悟，即在静思冥想的

某一瞬间突然醍醐灌顶得佛法真谛。人们普遍认为僧人在坐禅时借助饮茶去困入静，辅助冥思，而在平时寺院生活中僧人也通过饮茶来淡泊尘欲、消除杂念，如此由茶至佛、由冲泡品饮茶汤通至冥想参悟禅机。也正是因为如此，茶事活动在佛事仪式中发展出了一套重要的茶礼系统。当然，我们也应该看到历史的关联，即茶道在通过《茶经》之形式得以完备的唐朝就和佛家有着同音共律的紧密联系，而茶圣陆羽正是出身佛门。当中国茶道在唐宋两代传入日本时，也是分别藉由两位高僧鉴真和荣西之手而率先在日本的佛寺僧侣中传播开来。

谈及茶禅一味，其最知名的佛门公案"吃茶去"便不得不提。话说唐代赵州禅师处有僧人前来拜谒，赵州问："曾到此间？"答曰："曾到。"赵州说："吃茶去。"另日又有僧来访，赵州问："曾到此间？"答曰："未曾到。"赵州仍说："吃茶去。"一旁院主不明其故便问曰："为何曾到、不曾到，皆吃茶去？"赵州叫了声院主的名字，院主应答一声后，赵州说："吃茶去。"此桩故事被认为是茶禅一味思想发展过程中的基础之一，赵州以法无定法之法阐释了茶禅

157

一味。关于此吃茶去的禅机见仁见智，此处亦无须赘言，如佛语曰，不可说不可说，一说便是错。

纵然茶禅一味的思想与禅宗关系紧密，但若我们认为茶中之禅仅仅与佛教有关便是大错特错。就中华民族几千年的宗教状况与文化习俗的关系看来，尽管"禅"带有佛教禅宗的意味，但茶禅一味的"禅"之于中国传统文化的意义远远大于其狭义的宗教意味。中国人的宗教信仰古来今往一直都处在一个非常含混的状态中，从大体上粗统而言可以将其归结于：儒为本、道为用、求空门。即以儒家学说为立人之本，以道家法则为社会处事的方法论，而人生的最终追求却是释家的智慧解脱。当然这样的归纳并不足以代表各个朝代和各个社会阶层的中国人，但它确是一个典型化的相对更接近中国文人理想的人生准则。从这个视角来看，茶禅一味因为结合了无为与有为、出世与入世、礼仪人格、中庸和谐、天人合一等相反相似的思想而拥有了更具包容阔度的内涵。

煮水的松声或烛火之跳动都可以帮助你进入冥想状态

茶道中的禅思不应仅存于历史故事和文化研究里，也当然不是只与茶道大师们有关，它是发生于我们每一个人的日常生活中和每一次冲泡茶叶品饮茶汤的行为中。如果我们能够通过泡茶来体验和感受生活常态，获得平静和释然，那么也就能够将这样的心理状态推及至生活中的其他举手投足事里。

　　平常之心是我们在茶道中最易体味到的禅思之一。每一天我们都可能会品饮到数杯不同的茶，有时是我们自己冲泡，有时是别人。我们在自己冲泡的时候，也许因为接听了一个工作上的电话而使得茶汤过浓，也许别人奉上的茶汤是红茶而不是你偏爱常饮的绿茶，又或者你今天接触到的茶叶品质不如你期望的那么好。如果我们能因为爱茶而舍弃好恶之心，将过浓的茶汤用水稀释，尝试感受另一种不常饮的茶类，尽力将既有品质的茶叶冲泡到最好并享受它……那么这些心态和行为都正是平凡生活中饮茶即禅的生活态度。

　　平等之心亦是我们通过泡茶所能学习到的另一番禅思。在泡茶行为中，每一道冲泡时由于茶叶所处的可溶出状态不一样故而茶汤的滋味不同，我们所需最大程度表现出这一道茶汤的最佳状态。之后我们先将茶汤先注入公道杯中随后分予品饮者，这样便可以让每个人所喝到的茶汤浓度和味道相当。如果在旅途中，我们随身携带的简便茶具里并无公道杯，我们也可以找到尽量将茶汤浓度趋于一致的办法。若二人饮茶，那么茶壶中注入的水量应是两杯的水量（若冲泡干茶为乌龙茶则还要考虑到其较大的茶叶吸水量），出汤时先将第一杯注入半杯，再将第二杯注入满杯，最后将第一杯的半杯继续注满。如果出汤动作的平稳性和连续性越佳，那么这两杯茶汤的浓度就越接近一致。同理如果是四人饮茶，那么只需这样连续操作：第一杯注入四分之一，第二杯注入四分之二，第三杯注入四分之三，第四杯满杯；然后反方向按第三杯四分之一、第二杯四分之二、第一杯四分之三的顺序分别注满即可。这样的分茶方法固然是巧思，但其是为了获得茶汤平等的努力之心，故而又何尝不是禅思呢。

我们当然也能意识到，冲泡者全心营造并倾注在每一个杯盏里的平等茶汤，在每一个品饮者口舌间的味道都是不尽相同的，这关乎到品饮者的习茶经验、感官敏锐度、当下状态、个人偏好和审美风格等。因此事茶者尽心平等呈现同一的初衷，藉由茶汤转变成了接受者自由感受并获得差异的过程。万物不同而平等，其不同是生而存之，其平等则是我们的价值准则，面对不确定的差异亦能泰然尊重，建立在此之上的平等之心并作为行为准则，才不是空泛之妄言。

除了平常心与平等心，我们在泡茶中所能修习的禅思无处不在，全然在于我们是否能够在最日常的举手投足和身边事物中体味茶禅一味的深入浅出。譬如，我们在泡茶中左右手均衡操作，眼口鼻耳分工协合，均是为了在泡茶的进行中保持全面的状态，亦是可以推及至生活中的积极之心。予客人欣赏干茶，泡茶者自己也在欣赏干茶时获得了对接下来所置茶量、水温和冲泡时间的预先判断，亦是可以推及至生活中未雨绸缪的留心之举。为客人奉上每一道茶汤后，都为自己留一杯品尝检验之前的冲泡判断是否准确，若有欠妥以便在下一道冲泡中作出调整，亦是可以推及至生活中观照自我并即时调整的习惯。而冲泡动作的连续进行、出汤时的不疾不徐，是冲泡者沉稳心态的写照，亦是可以推及至生活中淡定安稳的心理素质之养成。冲泡行为中茶器具的取放和传递，都可以表现出冲泡者对器具之物情，亦是可以推及至生活中的博爱宽厚之心。冲泡结束后，清理茶壶欣赏叶底，则是面对茶叶变化的一种怀念和坦然，亦是可以推及至生活中正视人生苍凉后还拥有感恩释怀的能力……总之，举不胜举而事事皆禅。

我们通过习茶和饮茶，最能完善自我的禅思是活在当下的意识，以及获取自由的可能性。茶道并不是通达二者的唯一途径，不同的爱好、性格、文化背景和宗教信仰的人会通过不同形式理解和实践着活在当下和获得自由，茶道只是一种有着极宽阔度的方式。茶道的阔度在横向上体现为，在我们与茶道可疏可密的关系中，你可以选择以一种适宜的紧密度将茶道与生活各方面相连，你可以只有当餐厅提供免费茶水时才勉强饮茶甚至生活中无茶，也可以无论在冥想之前还是旅途中都与茶相伴，而在这两极的疏密关系下我们和茶道的连接是了无差别的。茶道的阔度在纵向上体现在，它滑定在世俗生活与纯粹精神二者所连成的一条线上的任意一个点，我们可以为了解渴在浮世喧嚣的街头用一个垢迹斑驳的碗牛饮而下漂着尘土的大碗茶，也可以为了祭祀祈祝在幽深精仑的茶席上冲泡一杯倾注入全部心力的绝世佳茗，而这两种极端的表象下茶道精神的实现也是毫无差别。通过每一次有所差别的形式去完成无差别的行为，能让我们通过一碗茶汤修习如何舍去前后思虑而专注当下，并获取自由的可能性。

冥想在于个体内在与宇宙自然的连接，一盏茶并非是其必需介质

之四

传播

与茶叶在千年历史长河里的纵向流传一样，茶叶在地理上的横向传播亦是非常有趣。其中，中国茶道的精神性和仪式感借日本茶道发扬光大，而其实用性和变通力则由茶马古道生动尽显。

163

茶叶在千年历史长河里的纵向流传是一件颇具趣味的事，当它从神农试茶的传说中进入生活与现实交汇后，茶叶在中国经历了唐朝煮茶、宋代点茶和明代泡茶这些创举式的不断变化。而在我们的东邻日本情况则迥乎不同，日本茶界占据主导的抹茶道是自宋代中国传入日本后完整保留至今的点茶法，而日本的煎茶道严格说来是保留了唐代中国的蒸青制作法并吸收了明代的泡饮法而成。从这个意义上来讲，中国茶道流变了历史，而日本茶道保留了传统。

位于巴黎的中国茶叶店

　　同样，茶叶在地理上的横向传播亦是趣事，试举三例。其一，中国茶叶乃南方之嘉木也，目前中国最北的产茶地是山东省的崂山和日照，均产取该地之名之绿茶。此两地的绿茶并非自古有之，而是20世纪南茶北引的成果，此番茶树之引种传播也成就了山东绿茶不羁不畏的独特性格。其二，中国数朝古都北京以花茶闻名，老牌茶叶店传统上均是以茉莉花茶为主销。反观窨花茶通常并非饮茶之首选，为何却在中国的中心北京城大加流行？原来古时由于物流和储存技术之限，南方的茶叶跋涉运至北京后茶味氧化殆尽，故而熏花入茶以增味，北京的花茶传统也因此而延续了下来。其三，印度红茶在当今世界的红茶市场占有夺目的份额，但其两个孩子却是血统不一，其中阿萨姆红茶是印度的原生茶树，但印度大吉岭地区的红茶却是引种于中国的。除以上三例之外，中国茶道往日本的传播及川滇黑茶经由茶马古道的传播值得分别叙述。

日本茶道

　　狭义上的日本茶道仅指抹茶道，它是中国宋代点茶法的直接传承形式并在本土发展出了诸多仪礼和流派。广义上的日本茶道还包括煎茶道，其法和当代中国茶的泡饮形式一致，其杀青形式和抹茶一致，从历史上可以追溯到唐代茶饼制作时采用的蒸青杀青，而其冲泡方法则异于抹茶法，采取了明代开创的散茶泡饮形式。煎茶道在过去并不被日本人记入茶史，我们对它的注意一方面是因为煎茶和中国的泡茶形式一致，另一方面也是由于煎茶是日常生活中的日本人最普遍的饮茶形式。

　　日本茶道在其历史上每一次发展的推动力均来自中国茶道，换言之，正是中国茶道的不断自新成就了日本茶道对传统的恪守。在日本平安时代，唐朝煮茶法的传入使得皇室、贵族及僧人等上层社会争相模仿大陆饮茶文化之风雅，贵族茶兴起；在日本镰仓、室町、安土和桃山时代，宋代点茶法的传入使得日本本土兴起寺院茶、斗茶及书院茶，日本茶道自此而基本成型；在日本江户时代，明朝泡茶法的传入刺激了日本茶道的成熟及流派的分化。在日本本土的茶道发展史上，有三位最为重要的茶人，其中村田珠光可谓日本茶道之奠基者，而武野绍鸥承上启下，最终则由千利休集日本茶道之大成。本书此处并不专门系统讲述日本茶道，而是以中国茶道的视界为基

准，对作为横向传播之结果的日本茶道做出相关性的比对。

　　我们常常将流派的产生作为一种艺术形式趋于成熟的标志，比如日本茶道的诸多流，反观日本茶道的故乡中国，绵延了千年的中国茶道却并未有明确的流派产生。若深究根理，需要认识到中国茶道和日本茶道在基本出发点上的趋异：中国茶道的起点和最终表现目的都是茶汤本身，而日本茶道的起点和其最终表现是精神性外化出的各种形式感。故而冈仓天心的《茶之书》是以禅道、艺术、修为和哲思为主题的日本茶书，而《中国茶书》则是一本以茶叶本体和泡茶作为出发点的习茶之书。造成中日茶道区别的原因错综复杂，若从茶学发展的基础来看，中国产茶区之繁多、茶叶种类之繁多、茶叶制作工艺及冲泡品饮方法之不断革新使得中国茶人首先关注的是茶叶和茶汤本身，而茶叶相对客观的特性使得茶人可以将其作为一个评判标准和习茶修德的驻足点。日本最初仅仅是学习和照搬中国茶道，且作为岛国，其产茶品种极为有限，因此他们在客观基础既定的情况下最大程度地发展了茶道在仪礼和精神上的部分。但是，这并不意味着中国茶道的精神性和艺术性有所偏弱，比起日本茶道本体的相对独立，中国茶道的精神内核渗透入了各种文化艺术形式

之中，可谓举手投足皆为茶，日本茶道在形式上的严格甚至于苛求在一定程度上反而是为中国茶道所摈弃之的。

茶禅一味随着陆羽诞生萌长了中国，中国人对待茶道的态度亦如安身立命，并不是单一化地追求禅，同时有着儒家的情怀和道家的现实方法。在佛教传抵日本之初，日本人如此欣喜地观照佛教，犹如尚不能充分表达自我的孩童以天生的洞察和习得力学会了语言和说话。日本本土的泛神论加之于外来的禅宗，将此作为内核的纯粹追求使得日本茶道的宗教感和仪式性统领了全局。

例如，中国社会的主客之礼表达在茶道里，即是对饮时主人必将茶席最好的面貌面对着客人，以示尊敬；日本则将主泡茶具的正面对着主泡者，其理由在于使用者与物的礼节即物情。还如，中国人喝茶时，传统习惯会将一杯茶剩留一点，以求文雅及有余的寓意；而日本人反之，他们必定饮尽，这是对大自然的无上崇拜。还如，日本茶道不仅讲究人与物的礼节，甚至于物与物，即茶具与茶具之间，亦有其存在的尺度、距离、运动轨迹，以及由此抽象开的美感和秩序性；而在中国茶道里，更摒弃刻意安排而去营造一种随意自然的美。还如，中国的茶事器具追求技艺精良完美，皇家风格巧夺天工，民间文人大巧若拙；而在日本茶道的器具理念里，却着意以自然化和质朴为标准，苛刻到连茶巾都制成不完全规则的形状以便不能折叠完美。中国茶

抹茶可点浓茶或薄茶

道用巧思去美化的每一个细节，却成了日本人必须遵从的自然之道：水盛要有疤节，茶筅要留出缠绕的线头，茶室之柱虫眼可见……总之，中国茶道形式上的随意不拘，在日本茶道里则化为了意味深长的宗教内涵。概括而言，日本茶道是一种行为的完成，并且主、客、物都平等参与在了这种行为仪式中；而中国茶道是以茶汤为目的的实用艺术，并且中国人讲究君子和而不同，如同君臣父子夫妻的纲常伦理，故而传统上茶道的形式，也是聚合而不等同。

当古代中国的茶道传播至日本并在本地落定繁盛至成熟后，现代中国的茶道很难再对日本茶道固守的体系有所影响。日本茶道的独立性和特有的美学气质也得以彰显。在对日本茶道及日本园林、花道等相关艺术的描绘中，大家惯将 Wabi 和 Sabi 放在一起复合为"侘寂"一词来描述这种独特的气质。其中 Wabi 是直接创生于本土茶道的词汇，在冈仓天心以英文写作的《茶之书》中将其表达为 imperfect（不完美），而这个释义显然是不能让东方读者得以满足的。对 Wabi 的理解很难找到一个与其约等的词汇或一个相当的定义。若我们从反向的角度理解 Wabi 之理想的话，那么与之相斥的概念包括：空间上的趋满、时间上的永恒、色彩上的繁丽、线面上的流畅、体积上的饱满、质感上的油滑、光线上的明耀、听觉上的喧张、韧度上的强势、物质上的富足、规界上的无度、程度上的极致、轨迹上的圆满、印象上的震撼、分布上的均衡、技巧上的熟稔、选择上的从众……等等。反之，一切相关于拙、涩、枯、暗、萎、慎、节、瘦、朴、贫、朽、野……等意趣更趋近于 Wabi 之诉求。在描述日本茶道及相关艺术给人的审美感受时，笔者更推崇一个比侘寂更具汉语思维的复合词语"肃怡"，在这两个相反相成的汉字中，前字是对日本茶道侘寂状态的抽炼写照，而后字是观照者对侘寂做出反应的心理感受，两字之间是一个词味相匹但感情色彩不顺承的因果关系。

冈仓天心的《茶之书》写于二十世纪初期，在书中他认为喝茶对于晚近的中国人而言仅仅消变为了品尝一个味道而已，国家长久的苦难使得中国人恭顺苍老，已然失去了可以全心投入的热情；中国人手中那杯茶，芳香依旧，却不再见唐时的浪漫，亦不见宋时的仪礼。如果冈仓天心能够转换角度，看到国家长久苦难亦未能黯淡中国人手中那杯茶的芳香，又或他能深谙千年流变不断的中国茶道正是在新的变动中拥有了更多可能，那么他便也许不会局限于日本茶道专注趋微的视角去审视东方茶道的故乡。中国人手中那杯持捧了千年的茶，正是因为经历了长久苦难的沉淀，才于芬芳中愈得唐时的浪漫、宋时的仪礼和明时的精简。

茶马古道

　　茶马古道在文明史上的意义在于它打通了商贸往来和文化传播这两个领域的边界，而该意义的实现在很大程度上归功于茶叶是流通中的主要载体。茶马古道起源于自唐宋以来的茶马互市，而茶马互市缘于内地少马而藏区缺茶，故而互市交易、相济互补。正是随着茶马互市的出现和发展，汉地和藏区的贸易逐渐稳定扩大并且系统化，得以出现了以青藏、川藏和滇藏三条大道为主线而构架成的庞大交通网络系统，也就是我们所谓的茶马古道。

　　说起茶马古道，就不得不联想到丝绸之路。丝绸之路更负盛名是因为这是一条更加国际化的路线，从长安一路西行，穿行欧亚，最终将古代中国文明与希腊罗马文明连接了起来。而茶马古道虽然延伸至南亚诸国，但它主要还是一条汉藏间民族化的路线。从这两条古代路线所运载的商品而言，丝绸之路涵盖了丝绸、瓷器、皮草、香料、玉石、植物、药材等不同类型的商品；而茶马古道虽然也涉及诸如此类的商品，但其始于茶马互市且一直以茶马为主要交易商品。但茶马古道并不因为这些原因而逊色于丝绸之路，现有考古证据说明茶马古道的实际年代远远早于丝绸之路，只不过在唐宋茶马互市之后才更加明朗化。茶马古道在交通技术上更被誉为世界历史上海拔最高的文明古道，它几乎横穿了有着世界屋脊之

茶马古道亦曾穿越詹姆斯·希尔顿《消失的地平线》中描绘的香格里拉

马帮是茶马古道上运送茶叶和货物的主要形式之一

称的青藏高原，在旧时交通技术的限制下，其地形之复杂、道路之险峻远超我们的想象。

茶马古道的形成除了外显的经济意义和文化意义之外，其对古代中国在政治战略方面的意义亦不可小觑。其一，中央政府一方面通过互市而加强与边疆联系，并且获得战马增强自身军事力量。其二，以茶换马同时避免了直接给予边疆民族可以用来熔炼兵器的金属货币。其三，边疆地区不产茶且高寒条件下蔬菜缺乏，因此以食肉为主的边疆民族需要茶叶来消脂解燥，用现代观点来说，即是以茶之碱性中和肉食之酸性以获得身体状态之平衡，因此当边疆不安时，中央政府往往可以不动一兵一卒且不战而胜，其囊中之计即是停运封茶。

以上茶马古道之种种貌似与茶叶本身并无深层关系，实际上无一不体现了饮茶习惯是何等地深入日常生活，且茶文化亦成为构建民族心理的一部分。茶马古道所运送的茶叶主要是包括普洱在内的后发酵黑茶，边疆民族性格豪放生活不拘，因此这些茶叶一般较内地流通之茶青更为粗老。当然，这些茶叶的性状也和边疆民族将茶汤与奶、酥油等调和饮用有关，也与权衡到旅途遥远的保质有关。而茶马古道除了险峻艰苦之外，也流传着饶有趣味的故事，比如很多人认为快速渥堆的工艺就是源于茶马古道的运输途中，当茶饼渗漏了雨水或者跋涉热湿地带时，茶叶便因此而快速发酵。换言之，普洱熟茶的工艺来自于意外的野外经验，这些说法听起来似乎可能却又不足为证。

同样是茶叶在地理上的横向传播，当东邻日本一丝不苟地继承了古代中国大陆文化的茶道方法时，茶马古道所蜿蜒触及的藏族人民将汉地的黑茶充分地本土化，按自己的方法加工品饮。当日本在传承中国茶道并同时兼容了中国的禅宗思想时，西藏民族依然边喝着酥油茶边信奉着自己的藏传佛教。可见，茶马古道比起日本茶道的形式感，更注重了茶叶的切实功用。换言之，通过地理的横向传播，中国茶道的精神性和仪式感借日本茶道发扬光大，而其实用性和变通力则由茶马古道生动尽显。

由黑茶所制的酥油茶是藏区的主要饮品之一

后 记

儒家学派的始祖孔子对于中国诗歌的源头《诗经》评价说：诗三百，一言以蔽之，曰思无邪。中国饮茶沿流了千年，茶文化影响整个世界，茶叶种类万千，如此纷繁庞浩的茶道文明体系，若需以一言以蔽之，我也只能用这句最不包含任何实际内容的诗曰：茶无邪。

中国的茶道历史曾经并且依然厚重得几近一副文明沙场上的铠甲，无论其寒光闪耀，还是锈迹斑斑，它都可以刀枪不入地沉默着我行我素。这副铠甲固然坚沉，它也同时拖曳了我们行走时的迈步，并生硬地将关注和好奇的目光悉数反射折回。《中国茶书》固然无法一蹴而就卸下这副铠甲，但试图拨开误读已久的江湖习气和妖魔化认知，向各个国家的读者展现出中国茶道无邪纯净的内心。关于此，我的老师朱青生先生已然在该书序中论及，我未曾将我的写作意图告之予他，但老师字字详阅中亦阅得我内心所思。在此我也想借写作后记的机会致谢：

感谢我的导师北京大学的朱青生教授为该书写序，朱老师在学术内外的指导从来温和而直入内心，他总是给我最大的空间和最多的选择，让人觉得温暖而富有力量。

感谢该书精装版、北美版和英国版的策划编辑亦是我的好朋友任远先生和其出版团队，我的写作拖沓近三年，任远一直监督鼓励

176

协调诸种难题，直接促成了该书的出版。

感谢该书摄影师亦是我的好朋友韩政女士及其团队细致的工作，为该书图片的拍摄攀山涉水，每每在急迫之时给我最有用的帮助。

感谢我的大学同窗好友邵丁老师将该书章节《古品·诗》中涉及的诗词以书法的形式展现出来，其书法颇具个人之风亦兼宜该书行文。

感谢卢布尔雅那大学东亚研究系所的 Jana Rosker 教授、Natasa Vampelj 教授和守時なぎさ教授将该书的写作工作作为我在欧洲交换学习阶段的学分之一。

最后感谢我所有的朋友和家人以各自不同的方式在各种时候陪伴身边，愿生活与茶皆静好。

罗家霖

2012 年 6 月 25 日

补后记

该书三年之后再版，因时增加了新的章节，整体亦略有修动，主旨不变。机缘之外，感谢众多朋友之力。尤为感谢我的好朋友亦是该书的责任编辑周莉桦及其团队清华大学出版社的尽职工作，感谢他们对如我般重度写作拖延的不靠谱作者的靠谱包容。

感谢顾龙和王文涛为本书进行排版设计；感谢一对好朋友李坤和阿茹为本书新摄了茶具和场景的图片；感谢宋炜为本书新摄了壮美的自然山水图片。

感谢各位的阅读，望不吝指教于该书中的舛误及纰漏，通道为鄙人邮箱 Luojialinbook@126.com，愿诸位安好如茶。

罗家霖

2015 年霜降